insel taschenbuch 4605

Hermien Stellmacher und Joachim Schultz

Wie wir Katzen die Welt sehen

Wie wir Katzen die Welt sehen

Ein Ratgeber für meine liebsten Zweibeiner

Aufgezeichnet von
Hermien Stellmacher und
Joachim Schultz

Insel Verlag

2. Auflage 2020

Erste Auflage 2017
insel taschenbuch 4605
Originalausgabe

Dieses Werk wurde vermittelt durch die
Michael Meller Literary Agency GmbH, München.

Vertrieb durch den Suhrkamp Taschenbuch Verlag
Umschlagabbildungen: Hermien Stellmacher, Pottenstein
Druck: CPI – Ebner & Spiegel, Ulm
Printed in Germany
ISBN 978-3-458-36305-7

Wie wir Katzen die Welt sehen

Einleitung

Von wegen Katzen führen ein bequemes Leben ... Das würden wir ja gern.
Doch leider kommt uns immer wieder schlecht geschultes Personal in die Quere und beeinträchtigt die Harmonie mit unsinnigen Regeln und Vorstellungen.
Mitschuld daran sind *Märchenbücher,* in denen erklärt wird, wie wir ticken. Frei nach dem Motto »Katzen dressieren leicht gemacht«, verbreiten diese sogenannten Ratgeber Mäusemist ohne Ende. Diese Autoren meinen es sicher gut mit uns, auch die Zweibeiner, die sie kaufen. Doch es ist höchste Zeit, dass diese Anleitungen im Altpapier landen.
Aus diesem Grund haben wir uns die Mühe gemacht, *unsere* Sicht auf die Dinge darzulegen. Um mit den aberwitzigen Vorstellungen, die über uns im Umlauf sind, endlich aufzuräumen.
Alphabethisch. Von A wie Aberglaube über K wie Klorolle bis Z wie Zweitwohnung. Damit sich unsere geliebten Zweibeiner mühelos zurechtfinden.

A

Aberglaube, der

Die →*Mensch*en glauben ja jeden →*Quatsch*. Sie klopfen auf →*Holz*, wenn sie eine →*Katerstrophe* abwenden wollen. Fällt ihnen in der →*Küche* ein Teller hinunter, behaupten sie, Scherben bringen →*Glück*. Interessanterweise gilt diese →*Regel* nicht, wenn wir die →*Fensterbank* mal aufräumen. Sobald dort etwas zu Bruch geht, ist das →*Gejaule* groß. Einige dieser fixen Ideen beziehen sich direkt auf uns. So soll eine dreifarbige Katze →*Glück* bringen und vor Feuer schützen. →*Putzt* sich unsereins das Fell, steht angeblich →*Besuch* an. Wenn das stimmen würde, hätten wir tagtäglich das Haus voller →*Unruhe* stiftender →*Zweibeiner*! Eine gruselige Vorstellung. Auch die Ansicht, dass eine schwarze Katze, die sich von links nähert, Unheil bringt, hält sich hartnäckig. Im Mittelalter galt die Katze sogar als Gefährtin von Hexen, und man glaubte, dass sie fähig sei, Krankheiten und Unfälle auszulösen. Dabei werden echte →*Katerstrophe*n meist von schlecht erzogenem →*Personal* verursacht, und wir sitzen täglich vor leeren →*Näpfen* und geschlossenen →*Tür*en.

Ägypten

Ein Land, in dem unsere Vorfahren als Götter verehrt wurden. Es begann wohl damit, dass wir →*Mäuse* und →*Ratte*n vom wertvollen Getreide fernhielten. Da die Tempel vor diesen Biestern

ebenfalls nicht sicher waren, machten wir uns auch dort unverzichtbar und wurden als Heilige gehuldigt.
Es gab sogar Katzenpriester, die für uns sorgten, und es galt als schweres Verbrechen, unsereinen zu töten. Bald nahmen wir die Stellung von Hausgötzen ein. Starb eine Katze, trauerten alle →*Zweibeiner* des Hauses.
In erster Linie waren wir das Tier der Katzengöttin Bastet, der Tochter des Sonnenkönigs Re. Zuerst wurde sie als Löwin dargestellt, später oft als Katze oder als Frau mit Katzenkopf.
Das jährliche Bastet-Fest war eine ziemliche Sause, bei dem viel →*Alkohol* und →*Sex* im →*Spiel* waren.
→*Junge*, deren Vater unbekannt ist, nennt man aus diesem Grund bis heute abschätzig Bastarde.
Es ist jammerschade, dass wir gegenwärtig nicht mehr derart gehätschelt und täglich mit frischem →*Fisch* gefüttert werden. Bräuche, die man schleunigst wieder aufleben lassen sollte.

Aktiv sein

Die Behauptung, wir würden 16 Stunden am →*Tag* verschlafen und nur 8 Stunden aktiv sein, ist weit verbreitet und völlig falsch. Auch wenn wir das nicht so demonstrativ heraushängen lassen wie →*Hektik* verbreitende →*Zweibeiner*: Wir sind geistig stets hellwach! Doch statt in Aktionismus zu verfallen, denken wir über die wirklich wichtigen Fragen im Leben nach:
Wie kann man den →*Haushalt* derart optimieren, dass unser →*Napf* stets gefüllt ist?
Wie kann man →*Fenster* und →*Tür*en so umbauen, dass sie sich automatisch für uns öffnen?
Wie können wir das →*Personal* dazu bringen, →*Bett* und →*Tisch* mit uns zu teilen?
Wie können wir den →*Tierarzt* für immer loswerden?

Alkohol, der

Eklig riechende Flüssigkeit, die →*Zweibeiner* unberechenbar macht und zu wirren Aktionen anstiftet. Je mehr sie davon trinken, umso schlimmer das Chaos. Anfangs kichern sie häufig. Trinken sie weiter, verlieren sie das →*Gleichgewicht,* stolpern herum und beginnen zu singen. Bekommen sie einen glasigen Blick, dauert es nicht mehr lange und sie schlafen auf dem →*Sofa* ein.

Wenn es ihnen am nächsten →*Tag* schlechtgeht, behaupten sie, *einen Kater zu haben*. Wir plädieren dafür, dass dieser →*diskriminieren*den Ausdrucksweise sofort ein Ende gesetzt wird! Dies gilt auch für den unverständlichen Begriff ›Muskelkater‹.

Allergie, die

Unverständliche Reaktion von einigen →*Zweibeiner*n, wenn wir in ihrer Nähe auftauchen. Statt sich über unsere Gesellschaft zu freuen, schniefen und heulen sie. Dabei gibt es viele Situationen, in denen dieses Verhalten tatsächlich angebracht wäre. Beim Betätigen des →*Traumsauger*s beispielsweise. Oder beim →*Tierarzt*. Doch in solchen Fällen sind sie völlig unempfindlich.

Alter, das

Im Gegensatz zu uns messen →*Zweibeiner* diesem Phänomen viel Bedeutung bei. Sind sie jung, möchten sie unbedingt älter aussehen, später tun sie alles dafür, um jung zu wirken. Damit ihnen das besser gelingt, machen sie →*Diät*en, färben sich das Fell und schmieren sich komisch riechende Cremes ins Gesicht. Das verstehe, wer will …
Sie sollten sich lieber ein

Unser Alter in Jahren
1
2
3
4
6
8
10
12
14
16
18

Alter der Zweibeiner
15
24-25
28
32-35
40-45
48-53
56-61
64-69
72-75
80
88

Vorbild an uns nehmen und sich über jeden einzelnen →*Tag* freuen. Das Leben ist so schön, wenn man eine gemütliche →*Schachtel* und einen vollen →*Napf* hat. Alles andere ist geschenkt.

Altpapier, das

Weiche Ansammlung von →*Zeitung*en und Zeitschriften, die schön raschelt und sich hervorragend für ein Nickerchen oder eine Traumreise eignet. Leider kann das →*Personal* dies nicht nachvollziehen und entsorgt es immer dann, wenn man es gerade zu einem perfekten Schlafplatz gestaltet hat. Auch wenn sie →*Besuch* erwarten, wird sofort →*aufgeräumt*.
Warum →*Märchenbücher* nicht mit gleicher Konsequenz entsorgt werden, ist unklar. Dabei gehört diese Art von →*Buch* zum Altpapier wie →*Futter* in den →*Napf*.

Anatomie, die

Der Körperbau des →*Zweibeiner*s ist unausgereift. Es fängt schon damit an, dass er nach einem Sprung nur selten auf den →*Füßen* landet. Macht er eine *falsche* Bewegung, schreit er, er habe *Rücken*. Natürlich hat er einen. Komisch, dass ihm das nicht schon vorher aufgefallen ist.
Auch andere Bereiche sind fehlerhaft konstruiert. Eine Übersicht:
– Ohren: Können weder aufgestellt noch angelegt werden. Schlechter Empfang. Reagieren verhalten auf

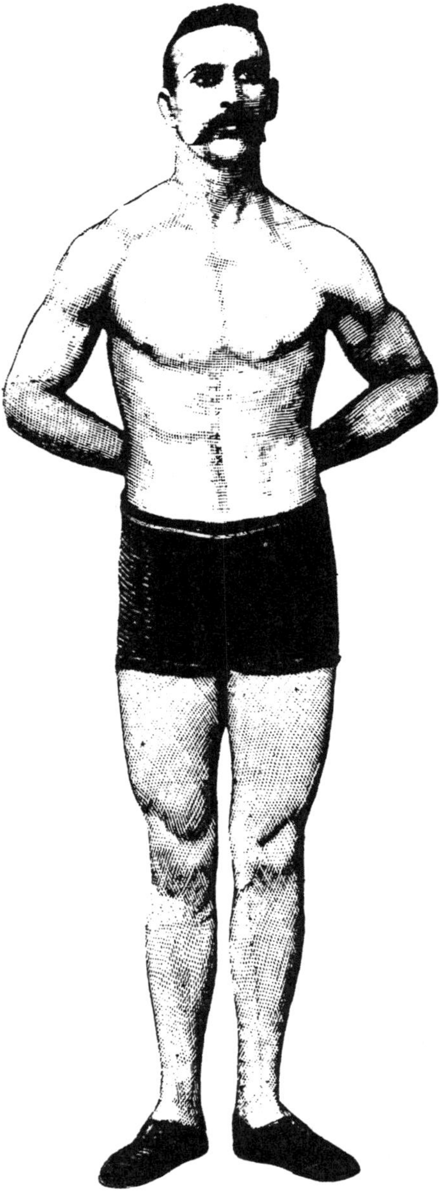

→*Blockflöte*ntöne und nur selten auf ein eindringliches →*Miau*.
– Augen: mit und ohne →*Brille* mangelhaft. Können weder leere →*Näpfe* noch geschlossene →*Tür*en erkennen.
– Knie: zu empfindlich, um sich die →*Krall*en daran zu schärfen.
– Krallen: Fehlkonstruktion. Lassen sich weder ein- noch ausfahren.
– Fell: äußerst zweifelhafte Verteilung.
– Nase: unterentwickelt und nicht immer formschön. Es lässt sich aber gut darauf herumtanzen.
– Schnurrbart: Scheint nur der Zier beim männlichen →*Personal* zu dienen. Von Raumerfassung und Tastsinn keine Spur.
– Schwanz: fehlt völlig. Fraglich, wie sie das Gleichgewicht halten. Lediglich der Schoßbereich bietet

eine gelungene Liege- und Trampelstelle.
Das Einzige, worum wir →*Zweibeiner* beneiden, ist ihr Daumen. So etwas hätten wir auch gern an der →*Tatze* – das würde uns vieles erleichtern.

Arbeit, die
Ein abstrakter Begriff, der im Leben des →*Mensch*en eine wichtige Rolle zu spielen scheint. Er bekommt →*Geld* dafür und wird davon müde. Damit er dort rechtzeitig ankommt, stellt er sich den →*Wecker,* bevor er abends zu →*Bett* geht. Nachdem er morgens in →*Hektik* das Haus verlassen hat, bleibt uns nichts anderes übrig, als zu warten, bis er wieder zurück ist und uns endlich wieder frisches →*Futter* in den →*Napf* füllt. Danach legt er sich auf das →*Sofa,* und wir müssen uns um ihn →*kümmern* und mit ihm spielen. Gut, wenn man mit einem sogenannten Freiberufler zusammenlebt. Der macht die Arbeit meist zu Hause am →*Schreibtisch* und kann immer mal aufstehen und uns zu Diensten sein.

Aufräumen, das
Sensibles Thema, zu dem verschiedene Auffassungen bestehen. Ist es unserer Meinung nach im Haus richtig →*gemütlich*, beginnt der Durchschnittszweibeiner alles umzustellen. Dann heißt es Abschiednehmen von →*Altpapier* und →*Schachtel*;

→*Duftmarken* müssen erneuert werden und so manch geliebtes Spielzeug verschwindet im Maul des →*Traumsaugers* oder der →*Waschmaschine*.
Da die sogenannte Ordnung nie lange vorhält, lässt eine Wiederholung dieser sinnlosen Aktivität leider nicht lange auf sich warten.

Auto, das
Gefährliches, stinkendes Gerät, das an der →*Leine* geführt werden sollte. Im schlimmsten Fall benutzt das →*Personal* es, um uns zum →*Tierarzt* zu befördern. Wird es mit →*Koffern* vollgepackt, ist das ein Zeichen dafür, dass die →*Zweibeiner* längere →*Zeit* weg sind und der →*Catsitter* jeden Augenblick vor der →*Tür* steht. Oder man setzt uns in die →*Bewegliche Zelle* und liefert uns in der →*Katzenpension* ab.
Steht es allerdings still, dient es →*Freigängern* unter uns als gutes →*Versteck*. Gerade wenn man einer →*Fremdkatze* oder einem →*Hund* aus dem Weg gehen möchte, ist dieser Platz unbezahlbar – man kann sich hervorragend darunter verkriechen. Auch zum →*Lauern* taugt es in diesem Zustand.

B

Balkon, der

Ein vielseitiger Beobachtungsort. Eignet sich bei schönem →*Wetter* gut für ein →*Nickerchen*. Ein beliebter Zeitvertreib in den Schlafpausen ist das →*Ärgern* von Gassi gehenden →*Ködern*, die uns in dieser Situation nur ankläffen, aber nicht fangen können.

Baum, der

Hohe Pflanze aus →*Holz,* auf die man wunderbar klettern kann und deren Stamm sich gut zum Krallenschärfen eignet. Auch für Markierungszwecke unverzichtbar. Für →*Freigänger* ein wichtiger Fluchtort, wenn sie von einem →*Hund* verfolgt werden. Glaubte der eben noch, dass er dich gleich erwischt, bist du im nächsten Moment in luftiger Höhe und der →*Köter* hat das Nachsehen. Wir manchmal leider auch, denn das Herunterklettern will gelernt sein. Da hilft dann nur ein gewagter Sprung. →*Stubenhocker* müssen in der Regel mit einem →*Kratzbaum* vorliebnehmen. In dieser →*Katzegorie* nimmt der →*Deko-Kratzbaum*, den →*Zweibeiner* zum sogenannten →*Weihnachtsfest* in die Wohnung platzieren, eine aufragende, zuweilen auch umgefallene Stellung ein.

Ist keines von beiden vorhanden, weichen wir auf →*Möbel* aus. Was →*Zweibeiner* in der Regel nicht nachvollziehen können.

Beißen

Eindeutiges Anzeichen dafür, dass uns etwas gegen den Strich geht. Dazu gehören u. a. das Berühren von verbotenen →*Kraulzone*n und übertriebenes Dauerstreicheln. Auch →*Junge* und →*Hunde*, die nur →*spielen* wollen, lassen sich notfalls so in Schach halten.
Zwicken wir jemanden hingegen nur leicht in die Hand, geschieht das eher aus Zuneigung. Leider wird diese Geste häufig missverstanden, und die →*Zweibeiner* jaulen, als wären sie schrecklich verletzt.

Beleidigt sein

Als hochsensible Wesen lassen wir uns leicht aus der Fassung bringen. Daher kann diese Gemütslage bereits durch ungerechtes →*Schimpfen* von Seiten der →*Zweibeiner* hervorgerufen werden. Oder durch das Verabreichen von →*Medizin* oder falschem →*Futter*. Sollten die →*Dosenöffner* eine mühsam erbeutete →*Maus* entsorgen oder gar in →*Urlaub* fahren, kann diese Stimmung sich über →*Tag*e hinziehen.

Berufstätigkeit, die

Obwohl wir bereits genug damit zu tun haben, das →*Personal* zu führen und den →*Haushalt* in Schuss zu halten, haben manche Kollegen sich noch weitere Aufgaben auf den →*Buckel* geladen.
So sind einige von uns als Bibliotheks- und Universitätskatze tätig. Auch bei der Post, der Eisenbahn und einigen →*Alkohol*-Brennereien sind

manche als hochgeschätzte Jäger beschäftigt.
Einen ganz besonderen Wirkungskreis hatten Schiffskatzen. Früher waren →*Zweibeiner* sogar dazu verpflichtet, uns auf große Fahrt mitzunehmen. Ohne Katze hätten →*Mäuse* und →*Ratten* ganze Schiffladungen an Getreide und Nahrungsmittel vernichtet und die →*Mensch*en die lange →*Reise* nicht überlebt. Man könnte sogar behaupten, dass viele Länder ohne unseren Einsatz bis heute unentdeckt geblieben wären.

Besteck, das

Wir benötigen kein Besteck, im Gegensatz zum →*Mensch*en. Der ist körperlich nur dürftig ausgestattet und braucht zum Einnehmen von Mahlzeiten Werkzeuge. Anstatt die Speise direkt aus dem →*Napf* zu schlemmen, schneidet er sie mit einem Messer in maulgerechte Stücke. Die Gabel ersetzt unsere geschickten →*Kralle*n, der Löffel die flinke Zunge, mit der wir alles wegschlabbern können.
Hat er endlich aufgegessen, säubert er die Sachen mit →*Wasser*. Denn unter den meisten →*Zweibeiner*n gilt es als unfein, etwas abzulecken.

Besuch, der

Plötzlich auftauchende, nicht zum →*Haushalt* gehörende →*Zweibeiner*, die unseren →*Lebensrhythmus* empfindlich stören. Schon das Klingeln an der →*Tür* unterbricht uns bei der Meditation und beim →*Philosophieren*.
In besonders schwerwiegenden Fällen hat der Gast →*Junge* und →*Köter* dabei und bleibt sogar länger. Da →*Rücksicht* in diesem Zusammenhang meist ein Fremdwort ist, schätzen wir

es ungemein, wenn wir zu einem →*Nachbarn* ziehen können, bis die Luft wieder rein ist.

Bett, das

→*Möbel*stück mit weichen Decken und →*Kissen*, das →*Zweibeiner* bevorzugt dann aufsuchen, wenn wir gerade munter werden. Obwohl wir stets bemüht sind, uns auch nachts um sie zu →*kümmern*, und regelmäßig kontrollieren, ob alles in →*Ordnung* ist, reagiert das →*Personal* auf diese Fürsorge oft ungehalten. Manche von uns stehen sogar vor geschlossener →*Tür*! Dabei ist es so wichtig, von →*Zeit* zu Zeit die Runde zu machen, um sicherzugehen, dass es unserem →*Menschen* an nichts fehlt. Ist alles in Ordnung, machen wir im Anschluss gern ein →*Nickerchen* in der Kuschelbucht. Bei Hungergefühlen hat es sich bewährt, sich über etwaige →*Regeln*, wie »Nachts gibt es nichts zu fressen« oder »Ich will nicht geweckt werden!«, ohne zu zögern hinwegzusetzen und den →*Zweibeiner* darüber in Kenntnis zu setzen.
Dafür hockt man sich zuerst auf den Attacke-Hügel und beobachtet die Lage. Regt sich nichts, wandert man über das Bein-Gebirge (Achtung! Absturzgefahr!) und Po-Gipfel zur →*Hypnose*-Ebene. Dort wägt man ab, ob ein intensives Anstarren zum Ziel führt oder es erforderlich ist, den →*Dosenöffner* mit der →*Tatze* und einem eindringlichen →*Miau* auf die aussichtslose Lage hinzuweisen.
Ist das →*Personal* dann immer noch nicht dienstwillig, hilft nur das flotte Abräumen von →*Buch*, Lampe und Wasserglas auf dem kleinen →*Tisch* neben dem

→*Kissen*. Dann ist das →*Jaulen* zwar groß, doch es gibt endlich →*Frühstück*.

Hier eine Übersichtskarte des gesamten Geländes:

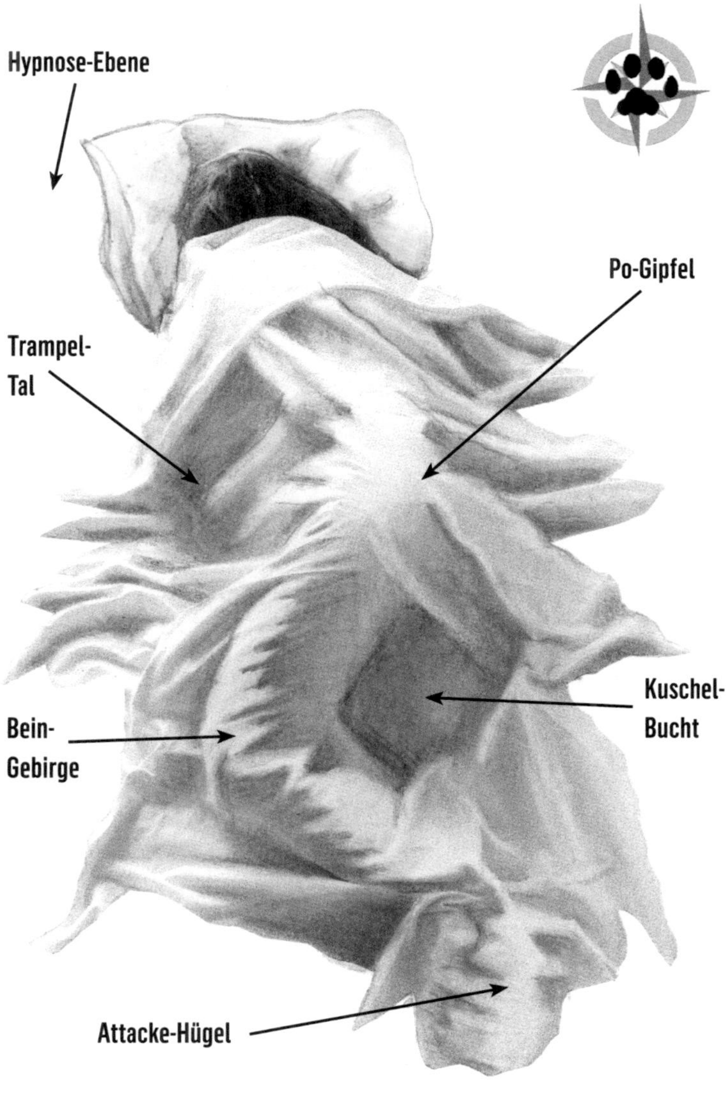

Betteln, das

Würdelose Tätigkeit, zu der wir gezwungen sind, bis das →*Personal* uns ein eigenes Gedeck auflegt. Manche von uns haben es immerhin geschafft, sich einen eigenen Stuhl zu ergattern, und werden dort mit →*Snacks* gefüttert.

→*Gleichberechtigung* sieht jedoch anders aus. Und von den himmlischen Zuständen im alten →*Ägypten* sind wir leider weit entfernt.

Beute, die

Bezeichnung für alles, was uns beim →*Jagen* zwischen die →*Krallen* kommt. Dabei unterscheiden wir folgende →*Katzegorien*:

– Für den kleinen Hunger eignen sich →*Maus*, →*Ratte*, Spinne und Fliege.

– Zum Spielen werden →*Füße*, Wollmäuse und Eingebildetes bevorzugt.

– Besonders schmackhaft sind erbeutete →*Delikatessen*, die in einem unbeobachteten Moment vom →*Tisch* beiseitegeschafft werden.

Bewegliche Zelle, die

Behälter besonderer Art, über den man ganze Drama-Abhandlungen verfassen könnte. Er verfügt über Luftschlitze und Gitter, eine von außen verschließbare →*Tür* und kommt vor allem dann zum Einsatz, wenn wir mit dem →*Auto* zum →*Tierarzt* gebracht werden. Obwohl es sie in verschiedenen Größen, Ausführungen und Materialien gibt, löst der Aufenthalt in solch einem Verlies großen →*Stress* bei uns aus.

Auch wenn wir in den →*Urlaub* mitgenommen oder zur →*Katzenpension* gebracht werden, blüht uns ein Aufenthalt in diesem Kerker.

Unerfahrene Artgenossen werden mit kleinen →*Delikatessen* hineingelockt. Damit hat es sich dann auch mit diesem →*Trick*. Beim zweiten Mal wissen wir, wie die →*Ratte* rennt, und fallen nicht mehr darauf herein.

Bingo, das

s. Seite 24/25

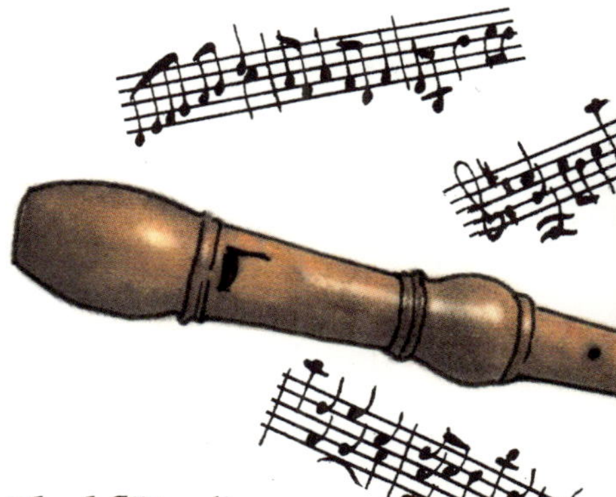

Blockflöte, die

Gelochtes Holzrohr, das, vor allem wenn →*Junge* es in den Mund nehmen, grässliche Töne erzeugt. Diese sind gehäuft in Zeiten des →*Deko-Kratzbaums* zu vernehmen und stellen eine erhebliche Belastung für die Ohren dar; es kommt zu Stressreaktionen bei uns.

Auf Grund seiner länglich-runden Form kann es zum →*Glück* leicht unter Schrank oder →*Sofa* gerollt werden.

BINGO (Zweibeiner-Bullshit-Bingo)

Du hast gerade etwas bekommen.

Nimm mal deinen Schwanz da weg!

Ich weiß, dass du das warst …

NEIN!

Offener wird die Tür nicht!

OHNE KRALLEN!

Das Sofa ist kein Kratzbaum!

Du verhungerst schon nicht gleich.

Die Tür
ist offen!

Das ist
mein Essen!

Raus aus
der Wäsche!!

Was jetzt?
Rein oder raus?

Nicht auf
den Tisch!

Iiiih!
Die lebt ja
noch!

Du hast
noch was
im Napf!

Krallen
rein!

Breitmachen, sich

Immer wenn wir mal ein bisschen mehr Platz auf dem →*Sofa* oder dem →*Bett* in Anspruch nehmen, heißt es sofort, wir würden uns breitmachen. Häufig werden wir dann rücksichtslos zur Seite geschoben, in besonderen Härtefällen gar von unserem Platz vertrieben. Eine Unverschämtheit! Das ist der Dank dafür, dass wir uns →*Tag* und Nacht um alles →*kümmern* …

Brille, die

Ein Gestell, das →*Zweibeiner* auf der Nase tragen und mit dem sie angeblich besser sehen können. An manchen →*Tag*en verursacht sie viel →*Hektik*, da sie gern mal verlegt wird. Einige →*Mensch*en tragen sie nur, weil sie der Meinung sind, damit schlauer auszusehen. Wir glauben nicht an die Wirkung dieser Scheiben, denn sie bemerken weder leere →*Näpfe* noch geschlossene →*Tür*en.

Wenn sie ein →*Sonnenbad* nehmen, setzen sie sich eine dunkle Brille auf. Damit schlafen sie leicht ein.

Buckel, der

Wenn wir einen Buckel machen, kann das zweierlei bedeuten:

Stehen uns dabei die →*Haare* zu Berge, legen wir die Ohren an und →*fauchen*, ist höchste Vorsicht geboten.

Sind wir gerade aufgewacht, dehnen wir uns auf dieser Weise.

Besonders unterhaltsam ist es, wenn →*Zweibeiner* versuchen diese Übung nachzumachen. Sie nennen es →*Yoga*.

C

Catsitter, der
Leicht manipulierbarer →*Zweibeiner*, der entweder ambulant oder stationär ins Haus kommt, wenn das →*Personal* eine kurze Reise unternimmt oder im →*Urlaub* ist. Direkt nach seiner Ankunft sollte man mit der →*Erziehung* beginnen und ihm klarmachen, wer im →*Haushalt* tatsächlich das Sagen hat. Mit etwas Konsequenz reagiert er bald so, wie man sich das vorstellt. Eine kurzfristige Futterverweigerung kombiniert mit überzeugendem →*Schreien* stresst ihn enorm, und er wird sofort versuchen, uns mit leckeren →*Snacks* zum Essen zu überreden. Auch das →*Bett* teilt er bald mit uns, ohne zu meckern. Könner auf diesem Gebiet wähnen sich dann bald im alten →*Ägypten*.

Catering, das
Englische Bezeichnung für die Lieferung von →*Snacks* und Getränken an Katzen, wann und wo immer sie das möchten. Leider ist bei der richtigen Deutung dieses Begriffes etwas schiefgelaufen, und so kommen nur →*Dosenöffner* in den Genuss dieser Dienstleistung. Wir müssen stattdessen mit sogenanntem Katzenfutter vorliebnehmen oder →*betteln*. Wir sagen nur: →*Ägypten*.

Computer, der
Ein Gerät, das sich auf den ersten Blick leicht mit einem →*Fernseher* verwechseln lässt. Mit der →*Tatztatur*, die auf dem →*Schreibtisch*

liegt, lassen sich kreative Dinge anstellen. Läuft man über die vielen Knöpfe, erscheinen Zeichen auf dem Bildschirm, einige machen sogar Geräusche.
Manche Bilder bewegen sich auch. Doch egal, wie man sich auf die →*Lauer* legt, sie lassen sich nicht richtig →*jagen*.
Ist der Computer länger an, wird er schön warm und lädt zum →*Schlafen* ein. Allerdings stellen unsere →*Zweibeiner* auch hier oft Besitzansprüche und vertreiben uns.

D

Dach, das
Neben →*Balkon* und →*Baum* ein Ort, von dem aus man einen guten Überblick hat. Experten schaffen es, von hier lange Wanderungen in die Umgebung zu unternehmen. Anfänger hingegen kommen nicht weit. Dann ist das →*Miau* laut und die Hoffnung groß, dass ihre →*Zweibeiner* kommen und sie retten. Ist das →*Personal* dazu nicht in der Lage oder bleibt oben gar selber stecken, kommt ein rotes →*Auto* mit einer langen Leiter. In diesen Fällen ist Ärger vorprogrammiert.

Daumen, der
Um diese besondere →*Kralle* beneiden wir unsere →*Zweibeiner*. Da hat die Natur uns ausnahmsweise leider im Stich gelassen. Sonst könnten wir damit nach dem →*Personal* schnippen. Zum →*Glück* ist es uns aber gelungen, andere Mittel und Wege zu finden.

Deko-Kratzbaum, der
Stachelig-wackliger →*Baum*, der zum sogenannten →*Weihnachtsfest* im Wohnzimmer aufgestellt und anschließend mit lustigen Spielsachen wie Kerzen, Kugeln und Glöckchen dekoriert wird. Eignet sich nur bedingt zum Klettern. Es wird daher empfohlen, mit Anlauf hineinzuspringen und so zur Spitze vorzudringen. Ist der →*Baum* einmal umgefallen, eignet er sich gut zum Versteckspielen und zum Krallenschärfen. Bis heute konnte nicht ge-

klärt werden, warum das →*Personal* in solchen Fällen überreagiert und →*schreit*.

Delikatesse, die

Besondere Leckerbissen, die uns leider viel zu selten vergönnt sind. Sie seien zu sehr gewürzt, heißt es von Zweibeinerseite, und für uns ungesund. Kaum haben sie das kundgetan, essen sie sie mit viel Genuss selber auf.
Doch Obacht: Werden diese Köstlichkeiten uns überraschend angeboten und säuselt das →*Personal* dazu, wie lieb und brav man sei, ist höchste Vorsicht geboten. In solchen Fällen steht oft die →*Bewegliche Zelle* schon im Flur bereit. Und noch bevor man das erste Häppchen heruntergeschluckt hat, ist man auf dem Weg in die →*Tierpension*. Oder noch schlimmer: zum →*Tierarzt*.

Diät, die

Eines der für uns ungeklärten →*Rätsel* ist die Diät. Ein Phänomen, mit dem sich →*Zweibeiner* regelmäßig quälen und das ihnen sehr schlechte Laune beschert. Tagsüber verkneifen sie sich alles, was lecker schmeckt, nachts plündern sie den →*Kühlschrank*. Das wiederum ärgert sie am nächsten →*Tag*, und das →*Spiel* geht von Neuem los …
Seit verstärkt →*Märchenbücher* zu diesem Thema erscheinen, werden auch wir häufig Opfer dieses Unsinns – nur haben wir keinen →*Kühlschrank* für nächtliche Streifzüge!
Bevor es richtig losgeht, fallen verletzende Bezeichnungen wie *Dickerchen*. Oder gar *Mops*. Danach lässt der →*Stress* nicht mehr lange auf sich warten. Der →*Napf* wird mit einer Spezialpampe gefüllt, die den

Namen →*Futter* nicht verdient. Nur →*Wasser* ist unbegrenzt erlaubt.
Oder Mäuse der etwas anderen Art …

Diskriminierung, die
Seit Katzengedenken werden Dinge, die aus Sicht der →*Zweibeiner* minderwertig sind, mit unserer Gattung verknüpft. Begriffe wie →*Kater*, Katzenjammer, →*Katzenmusik* oder Katzentisch sind sehr verletzend. Wenn schon ein →*Tisch* nach uns benannt wird, hätten wir ihn auch gern mit →*Delikatessen* gedeckt zur Verfügung.

Dose, die

Runder Futterbehälter, den wir nicht selber öffnen können. Als wäre das nicht schon schlimm genug, unterscheidet sich der Inhalt in der →*Regel* stark von den bunten, aufgeklebten Bildern. Kennst du eine, kennst du alle. Das haben wir durchschaut.

Dosenöffner, der

Saloppe, liebevoll gemeinte Bezeichnung für unsere →*Zweibeiner*. Wir würden uns den →*Napf* ja gern selber füllen, doch leider fehlt uns ein →*Daumen* zum Bedienen des gleichnamigen Geräts. Da uns der Zugang zum →*Kühlschrank* nach wie vor verweigert wird, müssen wir wohl auch in Zukunft an dieser Aufgabenteilung festhalten.

Dressur, die

Verzweifelter Versuch, uns gegen →*Lob*, Streicheleinheiten oder Leckerli Kunststückchen beibringen zu wollen. Obwohl dieses Unternehmen von vornherein zum Scheitern verurteilt ist, werden →*Zweibeiner* nicht müde, es immer wieder zu versuchen.
Bitte merkt euch: Wir →*gehorchen* nicht, sondern kommen, wann *wir* wollen, und setzen uns nur, wenn *uns* danach ist.
Im Gegensatz dazu funktionieren die →*Erziehung* des →*Personal*s und die von →*Hund*en hervorragend.

Droge, die

Unter den Genussmitteln mit bewusstseins- und wahrnehmungsverändernder Wirkung stehen vor allem Baldrian und Katzenminze bei uns hoch im Kurs. Sie haben eine belebende Wirkung auf Körper und Psyche und veranlassen uns, eine Menge →*Quatsch* zu →*machen*. Auf manche wirken sie eher entspannend. →*Stubenhocker* ohne →*Garten* oder →*Balkon* brauchen auf diesen Stoff nicht zu verzichten. Für den Hausgebrauch gibt es die Minze in getrockneter Form als Cat Nip. Ebenfalls beliebt sind leere →*Schachtel*n von Schlafteebeuteln, die sich manchmal im →*Altpapier* befinden.

Duftmarke, die

Wirkungsvoller Hinweis für →*Fremdkatze*n, wie die Grenzen unseres →*Revier*s verlaufen und wer im Haus oder →*Garten* das Sagen hat. Ergänzende Kratzspuren und sonstige Abreibungen an →*Tür*en oder →*Möbeln* werden dringend empfohlen. Wir gehen hier stets unauffällig vor, da das Personal sonst ein umfangreiches →*Saubermachen* anleiert und sämtliche mühsam angebrachten Zeichen vernichtet. Aus dem gleichen Grund verzichten wir darauf, unsere →*Zweibeiner* direkt zu markieren.

E

Eifersucht, die

Ein schmerzhaftes Gefühl, das sich breitmacht, wenn der →*Mensch* sich nicht mehr genug um uns →*kümmert*.

Zum Beispiel dann, wenn ohne Rücksprache eine neue Katze in den →*Haushalt* aufgenommen wird. Auch neugeborene →*Junge* können diese quälende Empfindung auslösen. Oder verliebte →*Zweibeiner*, die nur noch Augen für einander haben und sich pausenlos →*küssen*, statt uns zu →*kraulen*.

Gut, wenn man dann einen verständnisvollen →*Nachbarn* hat und vorübergehend in die →*Zweitwohnung* ziehen kann.

Einkaufen, das

Eine Tätigkeit, für die das →*Personal* gewöhnlich das Haus verlässt. Vorher schreibt es einen →*Wunschzettel*. Es wäre schön, wenn es auch uns mal auffordern würde, eine solche Liste zu verfassen, und die begehrten Produkte mitbringen würde.

Wenn es mit vollgepackten Taschen zurückkommt, verstaut es die Sachen in Schränke, manches kommt in den →*Kühlschrank*.

Wir vermuten, dass die →*Zweibeiner* das Essen nicht selber erbeuten, sondern es im →*Supermarkt* gegen →*Geld* eintauschen. Sonst hätten sie uns längst mal beim →*Jagen* einer →*Maus* begleitet.

Eis, das

Kaltes Zeug, das es in verschiedenen Formen gibt. Die Sorte draußen tritt hauptsächlich im Winter in Erscheinung. Sie ist lästig glatt, verhindert das Trinken aus Pfützen und erschwert die →*Maus*jagd erheblich.

Eine andere Art kommt im Haus im →*Kühlschrank* vor. →*Zweibeiner* lieben sie – uns wird diese wohlschmeckende Sorte vorenthalten. Angeblich aus Gesundheitsgründen. So schädlich kann sie aber nicht sein. Sonst würden sie es nicht napfweise futtern.

Entscheidung, die

Kein →*Tag* vergeht, ohne dass wir weitreichende Entscheidungen treffen müssen. Bis wir zu einem Ergebnis kommen, das je nach Tages-, Jahreszeit und Laune höchst unterschiedlich ausfallen kann, kommen wir leicht ins →*Philosophieren*.

Beliebte Fragen, die stets neu aufgerollt werden müssen, sind beispielsweise: Aufstehen oder Liegenbleiben? →*Maus* oder →*Dose*? →*Bett* oder →*Schachtel*?

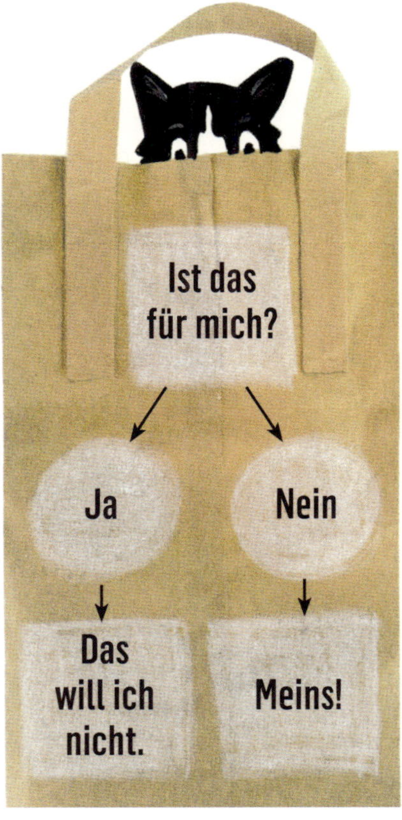

Erziehung, die

Eins gleich vorweg: Uns Katzen kann man nicht erziehen.
Das →*Personal* jedoch schon. Allerdings erfordert dies viel Krallenspitzengefühl. Vor allem →*Zweibeiner,* die →*Märchenbücher* lesen, geben die Hoffnung, *uns* erziehen zu können, nicht so schnell auf.
In hartnäckigen Fällen spielen wir das Theater kurz mit und kippen die sogenannten →*Regeln* dann Schritt für Schritt.

F

Fauchen, das

Ein klares Signal, dass uns etwas gewaltig gegen den Strich geht. Wir setzen es zur Abschreckung ein, wenn eine →*Fremdkatze* ungebeten unser →*Revier* betritt. Jedoch auch in Situationen, in denen wir uns erschrecken.

Bei Nichtbeachtung bleibt uns nichts anderes übrig, als von unseren →*Kralle*n Gebrauch zu machen, zu →*kratzen* und zu →*beißen*.

Fensterbank, die

Erstklassige Aussichtsplattform, die es in zwei Varianten gibt.

Innerhalb des Hauses eignet sie sich gut zum Beobachten von →*Vögel*n, →*Fremdkatze*n und →*Hund*en. Außerdem kann man von hier aus gut kontrollieren, was in der Wohnung vor sich geht, und hat die →*Zweibeiner* im Blick.

Leider müssen wir diesen Platz häufig mit →*Pflanze*n und anderen sinnlosen Gegenständen teilen. Zum →*Glück* lassen diese sich leicht aus dem Weg räumen.

Die Außenvariante ist meist zu schmal, um es sich dort richtig bequem machen zu können. Doch als Theaterbühne taugt sie allemal. Lautes, klagevolles Maunzen kombiniert mit dramatischer Mimik, als wäre man in höchster Gefahr bzw. kurz davor zu verhungern, haben sich bewährt.

Gut geschultes →*Personal* wird sofort das Fenster aufreißen. Das ist der Moment, in dem man sie anschaut, als wüsste man nicht, was sie von einem wollen, um sich dann gelangweilt umzudrehen. →*Spaß* muss sein!

Katzen liegen nicht faul rum. Sie verschönern den Raum.

Fernseher, der
Kasten, vor dem →*Zweibeiner* sich gern versammeln und der ihre ganze Aufmerksamkeit fesselt. Durch eine Scheibe kann man hineinschauen und sieht verwirrende Dinge, die Sendungen oder Filme genannt werden. Komischerweise kommt nie jemand heraus, obwohl es dort äußerst beengt zugehen muss. Gerade bei Filmen, in denen →*Vögel* oder →*Mäuse* vorkommen, ist das höchst bedauerlich.
In früheren Zeiten konnte man es sich darauf für ein →*Nickerchen* gemütlich machen. Neue Modelle lassen dies leider nicht zu.

Fisch, der
Beliebte →*Delikatesse*, die in großen Wasserbehältern oder im Gartenteich, meist jedoch in →*Dosen* zu finden ist. Anders als im alten →*Ägypten* bekommen wir diese Leckerei jedoch selten oder nie frisch in den →*Napf.*

Freigänger, der
Eine Bezeichnung für Artgenossen, die Haus oder Wohnung jederzeit durch die →*Katzenklappe* verlassen können. So können sie ihren Speiseplan mit der einen oder anderen →*Maus* oder →*Ratte* bereichern.
Doch bringt diese angenehme Form des →*Zusammenlebens* auch →*Stress* mit sich: Das eigene →*Revier*

muss regelmäßig gepflegt und mit frischen →*Duftmarken* versehen werden; aufmüpfigen →*Fremdkatzen* gilt es auf die →*Krallen* zu klopfen. Auch übermütige →*Hunde* sollten in Schach gehalten werden. Ganz zu schweigen von sonstigen Gefahren, die auf der →*Straße* und im →*Garten* lauern.

Freiheit, die
Die Möglichkeit, zu tun und zu lassen, was wir für richtig halten, ist uns sehr wichtig. Auch wenn die →*Stubenhocker* unter uns ohne → *Katzenklappe* auskommen müssen, genießen wir doch häufig eine weitgehende Unabhängigkeit. Wir organisieren den →*Haushalt*, wie *wir* es für richtig halten, liegen dort, wo es *uns* gefällt, und entscheiden selber, ob wir auf Rufe reagieren. Streicheleinheiten verteilen wir nach einem nur uns bekannten System. Diejenigen, die mit dieser Haltung nicht klarkommen, sollten sich lieber einen →*Hund* anschaffen.

Fremdkatze, die
Artgenosse, der die Reviergrenzen ignoriert, ungebeten durch die →*Katzenklappe* eindringt und sich aufführt, als wäre er zu Hause. Besonders dreiste Exemplare fressen aus unserem →*Napf* und verteilen →*Duftmarken*. Ein solch unverschämtes Verhalten lässt sich nur durch lautes →*Fauchen* und gezielte Tatzenhiebe korrigieren.

Freundschaft, die

Auch wenn es heißt, wir wären Einzelgänger, haben wir Katzen einen Hang zu Geselligkeit und sind zu tiefen Freundschaften fähig. Sowohl mit unseren lieben →*Zweibeiner*n als auch mit Artgenossen. Manche von uns treffen sich regelmäßig mit Freunden draußen, →*jagen* gemeinsam oder machen die Gegend unsicher. Doch haben wir den →*Haushalt* erstmal im Griff, schätzen wir es nicht, wenn uns ungefragt eine neue Katze zur Seite gestellt wird. Eine Freundschaft kann man nicht erzwingen. Schließlich würde es →*Mensch*en auch nicht passen, wenn sie das →*Bett* plötzlich mit einem Wildfremden teilen müssten …

Frühstück, das

Wie der Name schon verrät, sollte diese →*Mahlzeit* »früh« eingenommen werden. Hier driften unsere Vorstellungen und die der →*Zweibeiner* erheblich auseinander. Doch mit der nötigen Konsequenz und →*Erziehung* lässt sich das leicht ändern. Mit einem Besuch im →*Bett* erreicht unser Protest die Zielgruppe direkt. Auch wenn sie anfangs nicht so recht →*gehorchen* wollen: Spätestens wenn der kleine →*Tisch* neben dem →*Bett* abgeräumt wurde, überdenken viele →*Dosenöffner* ihre Grundsätze und gehen mit uns zum →*Napf.*

Fuß, der

Fehlkonstruierte Hintertatze von →*Zweibeiner*n, deren →*Krallen* sich weder einziehen noch ausfahren lassen. Gilt als empfindlich und wird meistens in Schuhen oder Schlappen gesteckt. Diese wiederum eignen sich gut zum →*Versteck*en von

Spielsachen. Tritt ein nackter Fuß auf eine tote →*Maus* oder auf Reste davon, ist das →*Geschrei* allerdings groß. Warum sich das so verhält, ist uns ein →*Rätsel*.

Futter, das

Obwohl →*Zweibeiner* selber abwechslungsreiche Mahlzeiten bevorzugen, scheint der Begriff ›Abwechslung‹ im Zusammenhang mit unserem Napfinhalt ein Fremdwort. Bemerkungen wie »Das hat dir doch gestern auch geschmeckt« lassen darauf schließen, dass sie nichts kapieren.

Einige →*Mensch*en werden jetzt aufjaulen und kundtun, dass *ihre* Katze immer das Gleiche essen möchte. Das mag schon sein. Hier geht es vielmehr ums Prinzip und um →*Gleichberechtigung*.

Leider konnten wir bisher keine Gegenexperimente durchführen. Dabei würde es uns brennend interessieren, wie die Stimmung wäre, wenn sie wochenlang das Gleiche auf den →*Tisch* bekämen.

Auch die Futterqualität ist ein leidiges Thema. Dabei sind wir so einfach zufriedenzustellen: etwas →*Fisch* oder Schinken, Leberwurst ohne Brot oder eine Portion frisches Hackfleisch. Aber nein, das →*Personal* kapiert es einfach nicht.

Stattdessen füllt es uns *saftige Häppchen in Soße* oder *Leckerbissen in köstlichem Gelee* in den →*Napf*. Schmeckt tatsächlich, wie es aussieht …

G

Garten, der
Außenwohnzimmer und Jagdrevier, in dem man →*Insekt*en, →*Vögel*n und →*Mäusen auflauern* kann. Gerade in den warmen Monaten lässt es sich dort auch hervorragend →*philosophieren*.
Es ist jedoch darauf zu achten, dass die →*Duftmarke*n regelmäßig aufgefrischt werden, damit →*Fremdkatze*n wissen, wer hier der Chef ist.
Gerade in diesem Bereich zeigt sich, ob das →*Personal* wirklich aufmerksam ist: Pflanzt es zwischen den nutzlosen Gewächsen →*Drogen* wie Baldrian und Katzenminze, sollte man es auf jeden Fall weiter beschäftigen.
Als →*Katzenklo* bevorzugen wir den Garten der *Nachbar*n.

Gebiss, das
Im Gegensatz zum allesfressenden →*Mensch*en haben wir Katzen das typische Gebiss eines Fleischfressers. Unsere Fang- und Reißzähne sind perfekt darauf ausgelegt, unsere →*Beute* festzuhalten, zu erlegen und anschließend genüsslich zu verspeisen. Was aber nicht bedeutet, dass wir →*Delikatesse*n wie Käse, →*Eis* oder Sahne verschmähen. Keineswegs!
Auch bei der Körperpflege ist unser Gebiss unverzichtbar. Es hilft uns, lästige Parasiten und Schmutz aus dem Fell zu entfernen, mit den Schneidezähnen kürzen wir zu lang gewordene →*Kralle*n.

Da können wir uns wirklich glücklich schätzen, denn die Zähne der →*Zweibeiner* sind bei weitem nicht so universell einsetzbar. Ohne →*Besteck* hätten sie große Probleme beim Zerteilen ihres Essens.
Warum sie sich die Zähne nicht mit dem gelegentlichen Verzehr einer →*Maus* oder einer Portion Trockenfutter reinigen, ist uns ein →*Rätsel*. Stattdessen verbringen sie viel →*Zeit* mit einer Bürste. Wenn das nichts nutzt, müssen sie zum Zahnarzt. Und vor dem fürchten sich die meisten von ihnen genau so sehr wie wir uns vor dem →*Tierarzt*.

Geburtstag, der
Ein Ereignis, um den →*Zweibeiner* ähnlich viel Aufhebens machen wie um ihr →*Alter*. Er wird häufig begleitet von →*Unruhe*, →*Besuch* und →*Delikatessen*, die allerdings wieder mal nicht für uns bestimmt sind. Wir schätzen diesen →*Tag* daher nicht besonders.
Unseren Geburtstag feiert das →*Personal* ebenfalls gern. Gegen einen frischen →*Fisch* im →*Napf* haben wir nichts einzuwenden.
Wohl aber gegen Schleifen oder bunte Geburtstagshüte, die man uns aufzwingt.

Gedächtnis, das

Wir stellen oft fest, dass →*Zweibeiner* glauben, wir würden alles sofort wieder vergessen. Von der Tatsache, dass sie uns einfach so aus dem →*Bett* geworfen haben, über die Art und Weise, wie sie uns minderwertiges →*Dosenfutter* unterzujubeln versuchen, bis hin zu den →*Trick*s mit der →*Beweglichen Zelle* und dem →*Tierarzt*.

Sorry: aber wir merken uns alles …

Geduld, die

Neben Konsequenz ein wichtiger Faktor bei der →*Erziehung* von →*Zweibeinern*. Die Fähigkeit, ruhig abzuwarten, ist uns nicht in allen Bereichen gegeben. Wir können zwar stundenlang vor einem Mauseloch ausharren, doch an Tagen, an denen das →*Personal* →*Hektik* verbreitet, sich ausgiebig mit dem →*Traumsauge*r beschäftigt oder →*Junge* zu →*Besuch* sind, kann sie uns schon mal abhandenkommen. Dann hilft nur noch lautes →*Fauchen*. Oder ein schneller Abgang durch die →*Katzenklappe*. Auch wenn die →*Dosenöffner* sich viel →*Zeit* lassen, bis sie unseren →*Napf* mit zufriedenstellendem →*Futter* füllen, stellen sie unsere Geduld auf eine harte Probe.

Gehorchen

Dank unserer gut ausgebildeten Ohren hören wir hervorragend. Aber gehorchen? Auch wenn →*Märchenbücher* gern etwas Anderes behaupten, das überlassen wir den →*Hund*en.

Es kann schon mal passieren, dass wir kommen, wenn →*Zweibeiner* uns rufen. Vor allem dann, wenn sie dies von der →*Küche* aus tun und wir just einen kleinen

→*Hunger* verspüren. In einem solchen Fall schlägt man zwei →*Mäuse* mit einer →*Tatze*: Man gibt dem →*Personal* ein erhabenes Gefühl und bekommt nebenbei etwas zu fressen. Eine klare Win-win-Situation.

Hunde haben ein Herrchen, Katzen haben Personal.

Gehör, das

Unsere Ohren sind hochsensible Organe, die unabhängig voneinander gesteuert werden können. So können wir jedes Geräusch exakt orten und vernehmen sogar im Tiefschlaf, wenn eine →*Dose* oder der →*Kühlschrank* geöffnet wird.

Auch unsere Befindlichkeit lässt sich gut am Stand der Ohren ablesen. Sind die Ohrmuscheln nach vorn gedreht, hören wir aufmerksam zu; drehen wir sie leicht nach außen, erregt etwas unseren Unmut. Ein aufgestelltes und ein angelegtes Ohr will sagen, dass wir dem Braten zwar nicht trauen, aber noch unentschlossen sind, wie wir reagieren werden. Legen wir sie flach an, ängstigt uns etwas. →*Fauchen* wir noch dazu, macht man sich besser aus dem Staub.

Für uns uninteressante Geräusche können wir ohne weiteres ausblenden. Leider trifft das nicht auf den →*Traumsauger* zu. Der Einsatz dieses Höllengeräts kann uns den ganzen →*Tag* versauen.

Geld, das

Ein Phänomen, worüber →*Zweibeiner* stets viel Wirbel machen. Ähnlich wie bei der →*Zeit* haben sie stets Angst, nicht genug davon zu haben. Wenn Sätze fallen wie »Hast du dir schon wieder neue Schuhe gekauft?!«, →*kratzt* der →*Stress* schon an der →*Tür*.

Auch wir würden es begrüßen, wenn es in erster Linie gegen Leckerli und →*Delikatessen* eingetauscht wird, doch leider haben wir kein Mitspracherecht. Wir schlagen vor, diese Zettelchen und Metallscheiben mit Bildern von uns zu verschönern. Schließlich machen wir auch auf der einen oder anderen Briefmarke eine ausgesprochen gute Figur!

Geruchssinn, der

Auch zweibeinige Wissenschaftler haben es endlich bestätigt: Unser Geruchssinn ist außergewöhnlich gut. Sogar als blinder Winzling finden wir zu unserer Mutter zurück und steuern zielsicher die Zitze an, an der wir schon mal getrunken haben.

Wir haben sogar die Möglichkeit mit einem Organ in der Mundhöhle zu riechen. Daher wird die gern gewählte Ausrede von →*Fremdkatzen*, sie hätten unsere →*Duftmarke* völlig überschnuppert oder gar falsch interpretiert, niemals akzeptiert. Im Vergleich dazu ist die Fähigkeit zu riechen bei

→*Zweibeiner*n nur schwach ausgeprägt. Zudem ist ihre Beurteilung, ob etwas gut duftet oder stinkt, selten nachvollziehbar. Daher werden wir wohl auch in Zukunft auf Parfüms und Waschmittel mit der Duftnote ›Makrele‹ oder ›Baldrian‹ verzichten müssen.

Geschmackssinn, der
In diesem Punkt unterscheiden wir uns von anderen Säugetieren, denn auf Grund eines fehlenden Gens können wir nichts Süßes schmecken. Keinen Keks, keinen Krapfen, keinen Kuchen. Dafür unterscheiden wir sauer, salzig, bitter und *umami*. Das ist japanisch und bedeutet fleischig, herzhaft und wohlschmeckend. Ob der Inhalt von japanischen →*Futterdosen* ebenfalls wohlschmeckend ist, wissen wir leider nicht. Auch sind wir in der Lage, zu erkennen, ob man uns Wasser pur serviert oder ob es mit Kondensmilch vermischt wurde.
Unsere raue Zunge ist ein höchst kompliziertes Gebilde. Sie verfügt über kleine, nach hinten gerichtete Hornstacheln, die man Papillen nennt. Die zentralen Papillen, die mit Dornen bestückt sind, dienen der Fellpflege. Auch schaben wir mit ihrer Hilfe Fleisch von Knochen. Andere Papillen wiederum besitzen Geschmacksknospen, die uns verraten, ob das uns vorgesetzte Essen schmeckt oder nicht. Sie sind dafür verantwortlich, dass wir so manch vollen →*Napf* stehen lassen.

Gleichberechtigung, die
Ein Thema, über das sich die →*Zweibeiner* den Mund fusselig diskutieren können. Immer wird betont, wie wichtig das Thema im

→*Zusammenleben* ist. Doch egal wie oft sie das wiederholen, in der Gemeinschaft mit uns bleibt es ein Fremdwort. Dabei gewähren wir dem →*Personal* unzählige Freiheiten.
So denken sie sich beispielsweise nichts dabei, uns zur besten Schlafzeit mit diesem →*Traumsauger* zu erschrecken. Aber wehe, wir kontrollieren nachts leise in ihrem →*Bett*, ob alles stimmt … Dann ist das Geschrei groß.

Gleichgewicht, das
Anders als bei uns ist der Gleichgewichtssinn bei →*Zweibeiner*n nicht besonders ausgeprägt. Das Geradeausgehen klappt noch ganz gut, doch bereits beim Treppensteigen brauchen sie etwas, um sich festzuhalten. Geht es noch weiter hinauf, mit einer Leiter aufs →*Dach* oder auf einen →*Baum*, →*jaulen* sie bereits im Vorfeld.
Nach dem Genuss von →*Alkohol* torkeln sie schon auf ebener Fläche im →*Zimmer* umher. Auch stellen wir immer wieder fest, dass sie nach einem Sturz fast nie auf den →*Füßen* landen. Wir vermuten, dass es am fehlenden →*Schwanz* liegt.

Glück, das
Über das Glück sprechen die →*Mensch*en sehr häufig und sehnen es herbei wie kaum etwas Anderes. Dabei übersieht er gern, dass er es direkt vor der Nase hat: eine fette →*Maus*, ein Plätzchen in der Sonne, die perfekte →*Schachtel*, ein weiches →*Bett*, ein gemütliches →*Sofa*. Ganz abgesehen von der Tatsache, dass sie großen Dusel haben, mit uns →*zusammenleben* zu dürfen.

H

Haar, das

Die Verteilung des Fells bei →*Zweibeinern* unterliegt merkwürdigen Gesetzen. Das meiste wächst ihnen auf dem Kopf, männlichen →*Zweibeinern* auch im Gesicht und auf der Brust. Der Teil unter der Nase wird Schnurrbart genannt. Dafür dass sie nicht mal richtig →*schnurren* können, eine überspitzte Bezeichnung. Weibliche →*Zweibeiner* verändern bisweilen die Farbe des Kopffells oder wickeln es auf Röllchen, mit denen man vorzüglich spielen kann. An anderen Stellen, zum Beispiel an den Beinen, versuchen sie, es um jeden Preis loszuwerden.
Wir hingegen färben es nicht, wir wechseln es je nach Jahreszeit. Im Herbst bekommen wir unseren Winterpelz. Leider löst das bei manchen →*Zweibeinern* einen Diätwahn aus, weil sie glauben, wir werden zu dick. Logisch, dass wir dieses Plus im Frühling wieder loswerden müssen. →*Menschen* tragen schließlich auch keine Wollpullover, wenn es heiß ist!
Ein ganz besonderes Ärgernis für →*Zweibeiner* ist, wenn unsere Haare auf dunkler oder schwarzer Kleidung landen. Aber mal ganz ehrlich: Ohne ein paar Katzenhaare ist man nicht richtig angezogen, oder?

Haarball, der

Manchmal hat unsere Schönheitspflege Folgen, die das →*Personal* nicht besonders schätzt. Doch das Erbre-

chen von einem Haarball lässt sich nun mal nicht vermeiden.
Schließlich entfernen wir bei der Fellpflege nicht nur Schmutz und eventuelle Parasiten, sondern nehmen auch lose und abgebrochene →*Haare* auf. Vermengen sich größere Mengen davon im Magen, kommt es zu diesen Fellklöpsen, die wir von →*Zeit* zu Zeit herauswürgen. In diesem Zusammenhang freut es uns, wenn wir einen Topf mit Katzengras zur Verfügung haben. Das erleichtert die Prozedur enorm.

Haben

Ein Wort, das Besitztum anzeigt und gern im falschen Zusammenhang verwendet wird. Bei Sätzen wie »Ich →*habe* eine Katze« steht uns das Fell zu Berge. Man →*hat* einen →*Hund*. Richtig. Wir →*haben* Personal.

Wer glaubt, dass ein Katzenbesitzer seine Katze besitzt, glaubt auch, dass ein Zitronenfalter Zitronen faltet.

Halsband, das

Unwürdiges Accessoire, das anzeigen soll, dass wir jemandem *gehören*. Sinnvoller wäre es, das →*Personal* mit so etwas auszustatten. Dann wäre sofort ersichtlich, wer einer Katze zu Diensten ist und wer nicht. Abgesehen von dieser Unlogik sind diese Bänder gefährlich für uns. Wir können uns damit leicht irgendwo verheddern und im schlimmsten Fall erwürgen oder aufhängen … Besonders unwürdig sind Modelle, die mit einem Glöckchen ausgestattet sind. Dadurch ist uns schon so manche →*Beute* durch die →*Krallen* geflutscht.

Hand, die
Vordertatze von →*Zweibeinern* mit unbeweglichen →*Krallen*, die allerdings über einen →*Daumen* verfügt. Wichtig beim →*Kraulen* und dem Öffnen von →*Dosen*, kommt aber auch in der menschlichen Körpersprache zum Einsatz.

Handy, das
Flaches Kästchen, mit dem das →*Personal* sich stundenlang unterhalten kann. Lästig, denn in dieser →*Zeit* kann es sich nicht um uns →*kümmern*. Manchmal zappelt es lustig zuckend auf dem →*Tisch* und lädt zum →*Spielen* ein. Doch wehe, man macht den →*Quatsch* mit und lässt es danach unter dem →*Sofa* liegen. Dann ist das Geschimpfe groß.

Haushalt, der

Einen guten Haushalt erkennt man sofort daran, dass eine Katze die Fäden in der →*Kralle* hält. Ohne unsere Führung würde die ganze Angelegenheit schnell im →*Katzenklo* landen. So senken wir beispielsweise den Blutdruck der →*Zweibeiner*, →*spielen* geduldig mit ihnen und bringen Gemütlichkeit ins Haus. Unser Schnurren soll laut neuesten Erkenntnissen sogar helfen, Knochenbrüche zu heilen.

Nebenbei halten wir bösartige →*Teppich*e in Schach, →*jagen* Gespenster und fressen gefährliche Spinnen. Dass dabei auch mal etwas zu Bruch geht, sollte nebensächlich sein. Laut menschlichem →*Aberglauben* bringen Scherben schließlich →*Glück*.

Heizung, die

Ein an der Wand befestigter Kasten, der herrlich warm werden kann. Leider meist zu schmal, um bequem darauf liegen zu können. Kamin oder Kachelofen bieten bessere Möglichkeiten zum Entspannen, sind jedoch selten verfügbar. Wenn wir Architekten wären …

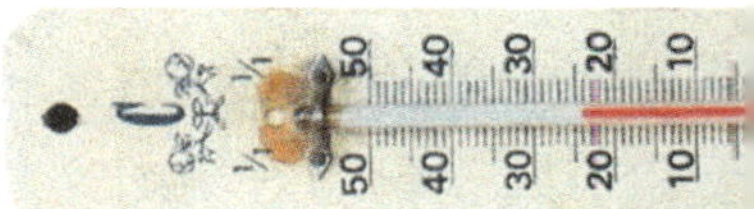

Hektik, die

Situation, in der das →*Personal* grundlos durch die Wohnung hetzt. Es ist unklar, wodurch sie hervorgerufen wird und wozu sie gut sein soll. Sie stört den →*Schlaf* und stellt unsere →*Geduld* auf die Probe. Uns ist diese überzogene Betriebsamkeit weitgehend fremd. Sie jagen ja nicht mal eine Maus …

Hinweisschild, das

Wegweiser dieser Art zeigen in der Welt der →*Zweibeiner* auf jeden erdenklichen Mäusemist hin.

Dabei wäre es dem Zusammenleben sehr dienlich, wenn es auch von uns gestaltete Informationshilfen gäbe. Hier ein paar Anregungen:

Holz, das

Angenehmes Material, das sich bestens zum Schärfen der →*Krallen* und zum Anbringen von →*Duftmarken* eignet. →*Stubenhocker* müssen sich mit →*Möbeln*, →*Kratzbäumen* und →*Fensterbänken* zufriedengeben, →*Freigängern* stehen richtige →*Bäume* zur Verfügung. Mit blockflötengroßen Stücken beschäftigt man gern →*Hunde*. Das →*Personal* wirft diese sogenannten Stöckchen möglichst weit weg, der →*Köter* hechtet hinterher und bringt es zurück. In unseren Augen eine höchst zweifelhafte Freizeitbeschäftigung.

Hund, der

Ein etwas anders tickender Vierbeinerkollege, der umgangssprachlich auch →*Köter* genannt wird. Er bezeichnet das →*Personal* als *Herrchen* und *Frauchen* und macht streberhaft, was von ihm verlangt wird. Statt ein eigenes Klo zu benutzen, ist er darauf angewiesen, dass die →*Zweibeiner* mit ihm Gassi an der →*Leine* gehen. Das war sogar im alten →*Ägypten* schon der Fall. Zudem spricht er eine andere, sehr laute Sprache, was immer wieder zu Missverständnissen führt. So können wir nie genau feststellen, ob er es nun gut mit uns meint oder uns lieber zum →*Frühstück* verspeisen möchte. Ein Beispiel: Wenn wir ihn ignorieren, deuten wir an, dass wir in →*Ruhe* gelassen werden wollen. Doch was macht der Hund? Rennt auf uns zu und macht ausdrücklich auf sich aufmerksam! Und wundert sich, dass uns vor Schreck die →*Kralle* ausrutscht. Danach ist das →*Jaulen* groß …
Daher vermuten wir, dass Fotos im Internet, auf de-

nen wir in trauter Zweisamkeit mit ihnen zusammenliegen, gestellt sind.

Hunger, der

Nagendes Gefühl, das sich nicht ignorieren lässt. Wir kennen folgende →*Katzegorien*:

– Der kleine Appetit: Lässt sich im Allgemeinen mit einer kleinen Leckerei beheben. Verschwindet schlagartig, wenn Einheitsfraß serviert wird.

– Appetit: Steigerung, die mit halbleerem Magen einhergeht.

– Hunger: Notfallsituation Stufe 1

– Sterbenshunger: Notfallsituation Stufe 2. Kommt am Tag mehrmals vor.

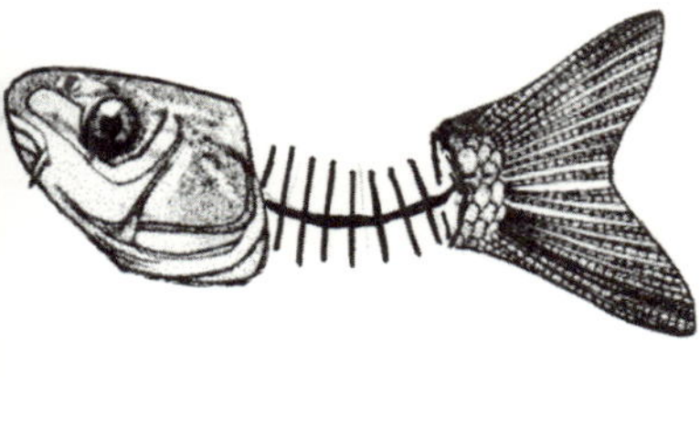

Hypnose, die

Da sich die sprachliche Verständigung mit →*Zweibeinern* oft schwierig gestaltet, hilft oft nur intensives Anstarren, damit sie das tun, was wir wollen: zum Beispiel vom →*Sessel* aufstehen, um →*Tür* oder Fenster zu öffnen. Wichtig dabei sind →*Geduld* und Konsequenz.

Eine gern verwendete Variante, um →*Futter* zu erzwingen, wird als →*Napfhocken* bezeichnet.

I

Information, die

Das Teilen von Wissen ist grundlegend für das →*Zusammenleben*. Doch leider verläuft der Austausch von Seiten des →*Personal*s im Alltag schleppend bis gar nicht. Immer wieder werden wir vor vollendete Tatsachen gestellt. Beispiel →*Urlaub*: Plötzlich liegen →*Koffer* auf dem →*Bett,* werden Taschen gepackt und steht der →*Catsitter* vor der →*Tür*.
Wir hingegen informieren die →*Mensch*en sofort, wenn wir →*Hunger* haben, kotzen müssen, eine →*Entscheidung* getroffen oder eine →*Maus* gefangen haben.

Insekt, das

→*Snack* mit Spiel- und Trainingseffekt für zwischendurch. Beliebt sind Fliegen, Schmetterlinge und Heuschrecken. Letztere werden in anderen Ländern ja auch von →*Mensch*en gegessen. Von Risikohappen wie Wespen und Hornissen sollten Katze und →*Mensch* tunlichst die →*Kralle*n lassen. Spinnen nehmen eine Sonderstellung ein. Mit dem Fang dieser leckeren Langbeiner hat schon manch einer von uns besonders beim weiblichen →*Personal* Heldenstatus erlangen können.

Intelligenz, die

Eines vorweg: Wir Katzen sind kluge Geschöpfe und lernen schnell. Doch im Gegensatz zu →*Hund*en, die sich →*dressieren* lassen, kapieren wir die Zusammenhänge.

Dank unseres feinen →*Gehörs* vernehmen wir es sofort, wenn in der →*Küche* ein Messer gewetzt wird. Ein klares Zeichen, dass das →*Personal* Fleisch oder →*Fisch* schneidet und man mit etwas →*Glück* ein Stückchen abbekommt.
Auch wissen wir, mit welchen Lauten wir unseren →*Zweibeiner* zum →*Streicheln* oder →*Spielen* animieren können. Zudem sind viele von uns nach einer kurzen Beobachtungszeit in der Lage, Wasserhähne zu öffnen und Türklinken zu bedienen. Was jedoch nicht bedeutet, dass wir das →*Personal* von seinen Pflichten entbinden.

Internet, das
Dieses Wort fällt häufig bei →*Zweibeiner*n. Es handelt sich dabei um ein verwirrendes Phänomen, das in →*Computer*n, →*Handy*s und →*Laptops* zu Hause ist. Auf Grund unzähliger Katzenfilmchen, die dort verbreitet und gefeiert werden, liegt es unserer Meinung nach auf der →*Tatze,* es in *Intercat* umzubenennen. Bisher ist man diesem Vorschlag leider nicht nachgekommen.

J

Jagen, das

Für →*Streuner* überlebenswichtig, für alle anderen von uns ein netter Zeitvertreib, mit dem wir den Speiseplan erweitern können. Dabei bedienen wir uns einer speziellen Schleich- und Lauertechnik und pirschen uns leise an. Dann verharren wir reglos, bis die →*Beute* sich uns auf Pfotenabstand genähert hat. Dafür braucht man eine Menge →*Geduld*.
Bringen wir die →*Maus* oder →*Ratte* anschließend mit nach Hause, handeln wir uns oft Ärger ein. Dabei wollen wir den →*Zweibeiner*n doch nur zeigen, wie geschickt wir sind, und ein →*Lob* hören. Um dann unseren Fang in Ruhe zu verspeisen.

Jaulen, das

Eine lang gezogene Unmutsäußerung, die laut und aus Protest vorgetragen wird und die das →*Personal* beachten sollte. Bei →*Zweibeiner*n ist es meist eine Vorstufe von →*Schimpfen*, dessen Grund sich uns nur selten erschließt. Was ist schließlich schon dabei, wenn man den →*Vorhang* hochklettert, um sich das →*Zimmer* aus einer anderen Perspektive anzuschauen? Gar nichts.

Wenn wir hingegen unseren Ärger über ein dreckiges →*Katzenklo* zum Ausdruck bringen, hat das seine Berechtigung. Immer.

Junge, das

Wenn das Junge von →*Zweibeiner*n neu in den →*Hausha*lt kommt, sind →*Hektik* und →*Stress* vorprogrammiert. Es schreit →*Tag* und Nacht, unser →*Futter* wird nicht pünktlich serviert, und →*Tür*en, die sonst offen waren, sind auf einmal geschlossen.

Und egal, ob es einem Zwei- oder Vierbeinerwurf entstammt, sobald es sich fortbewegen kann, will es immer →*spielen*. Zudem kommt es auf Grund des →*Lärm*s, das es verbreitet, zu lästigen →*Schlafstörungen*. Auch wenn wir darauf hinweisen möchten, dass unsere Jungen strenger erzogen und unkomplizierter zu handhaben sind, gehen wir auch →*Freundschaft*en mit kleinen →*Zweibeiner*n ein.

Und wenn die dann mal →*Ruhe* geben, kann man sich →*gemütlich* zu ihnen ins →*Bett* kuscheln und ein gemeinsames Nickerchen machen.

K

Kampf, der

Ein häufiger Grund für eine solche Auseinandersetzung mit Artgenossen ist das unerlaubte Betreten unseres →*Revier*s. An manchen →*Tag*en reicht aber schon ein schiefer Blick oder ein abfälliges →*Miau*. Auch →*Köter*, die ›nur spielen wollen‹, können der Anlass dafür sein, dass es zur Sache geht.

Dem Gefecht liegt eine klare Dramaturgie zugrunde. Erst wenn eine lange →*Hypnose* und drohendes →*Gejaule* keine Wirkung zeigen, werden die →*Krallen* ausgefahren. Übrigens: Das →*Personal* möchte bitte endlich mal kapieren, dass es sich in diese Konflikte nicht einmischen soll. Das ist so peinlich …

Katerstrophe, die

Entgegen anderslautenden Berichten handelt es sich dabei nicht um einen Gesangsabschnitt im Katzenchor, sondern um einen Schicksalsschlag, der jeden von uns unverhofft ereilen kann. Wie auf folgender Skala ersichtlich, gibt es verschiedene Gewichtungen.

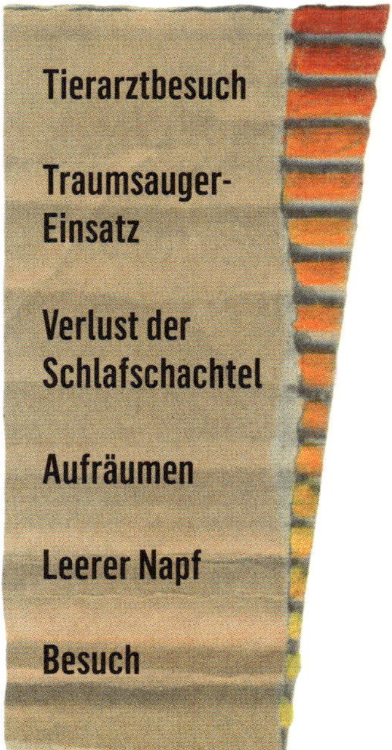

Katzegorie, die

Neben der klassischen Einteilung in Männchen und Weibchen gibt es den →*Zweibeiner* in folgenden Gruppierungen:

– Der Fürsorgliche: bezaubernde Sorte, die →*Stubenhocker* bevorzugt. Zieht allerdings bei jedem Wehwehchen den →*Tierarzt* zu Rate.
Lieblingssatz: »Das sollten wir mal anschauen lassen, mein armes Katzili …«

– Der Unzuverlässige: häufig unterwegs oder im →*Urlaub*. Glaubt, dass ein gefüllter →*Napf* drei →*Tage* voll bleibt, Trockenfutter sich von selbst vermehrt.
Lieblingssatz: »Bin gleich wieder da!«

– Der Erzieher: meistens ein Männchen. Erklärt gern und glaubt, im Haus das Sagen zu haben. Liebt →*Märchenbücher* und ist fest der Meinung, dass wir ihm eines Tages →*gehorchen* werden.
Lieblingssatz: »Du musst nicht alles jagen, was sich bewegt!«

– Der Aufräumer: häufig ein Weibchen, das eine enge Beziehung zum →*Traumsauger* pflegt.
Lieblingssatz: »Musst du immer so viel Dreck machen?«

– Der Figurbewusste: →*Märchenbuch*-Leser der ersten Stunde und eng verwandt mit dem Erziehertyp. Überträgt sogenannte Gewichtsprobleme auf uns und wiegt unser →*Futter* ab.
Lieblingssatz: »Du passt ja kaum noch durch die →*Katzenklappe*!«

– Der Gutgläubige: liebenswert. Lässt sich leicht um die kleine →*Kralle* wickeln und lobt uns für alles.
Lieblingssatz: »Das hast du sicher nicht mit Absicht gemacht, oder?«

– Der Weichling: oft Weibchen. Reagiert entsetzt auf →*Insekten* und →*Mäuse,* fällt bei →*Ratte*n und dicken Spinnen einfach um. Lieblingssatz: »Iiiih! Die lebt ja noch!«
– Der Sportliche: verbreitet viel →*Unruhe* und ist somit der perfekte Partner für junge →*Freigänger*. Der Begriff →*Nickerchen* ist ihm unbekannt, entspanntes →*Philosophieren* ein Graus. Lieblingssatz: »Hopp! Beweg dich mal, du fauler Flusentiger!«

Katzenklappe, die
Eine eigens für uns eingerichtete →*Tür,* die allerdings auch unerwünschten Eindringlingen Zutritt ermöglicht. Damit nicht sämtliche →*Fremdkatze*n der Umgebung ein und aus gehen können, gibt es neuerdings Modelle, die uns als Hausbewohner erkennen. Damit das Gerät richtig funktionieren kann, schiebt uns der →*Tierarzt* einen Chip unter die Haut. Wenn das →*Personal* nun aber glaubt, sich mit dieser gutgemeinten Vorrichtung um das persönliche Öffnen und Schließen von Fenstern und →*Tür*en drücken zu können, hat es sich enorm getäuscht …

Katzenklo, das
Notlösung für →*Stubenhocker,* die häufig sauberer sein könnte. Kreatives Scharren ist vom →*Personal* unerwünscht und zieht in der Regel →*Schimpfen* und intensives →*Saubermachen* nach sich. →*Freigänger* dagegen ziehen den →*Garten* der →*Nachbar*n jeder Toilette vor.

Katzenmusik, die
Kränkende Bezeichnung für das, was →*Zweibeiner* als

unmelodisch oder ungewöhnlich empfinden. Dabei spielen sie wohl auf unsere Gesänge an, wenn wir auf Partnersuche sind. Gleichwohl produzieren sie selber oft derart gruselige Töne, dass man sich nur noch verkriechen möchte. Eine besondere Stellung nimmt hier wieder die →*Blockflöte* ein.

Katzenpension, die

Wenn →*Zweibeiner* keinen →*Catsitter* haben, aber trotzdem in →*Urlaub* fahren wollen, werden wir in die →*Bewegliche Zelle* gesperrt und mit dem →*Auto* in eine sogenannte Katzenpension gefahren. Manche dieser Unterkünfte werben mit →*Kratzmöbel*n und →*Balkon*. Andere mit einem eigenen Ernährungsberater. Das klingt gefährlich nach →*Diät* … Eine hübsche →*Schachtel* bekommt man leider nicht gestellt.

Da wir →*Veränderung*en prinzipiell nicht mögen, bedeutet so ein Aufenthalt ziemlichen →*Stress* für uns. Zudem haben wir alle →*Tatzen* voll zu tun, das →*Zimmer* mit der eigenen →*Duftmarke* zu versehen, und werden obendrein mit →*Fremdkatze*n konfrontiert.

Hat man sich endlich so weit an alles gewöhnt, steht das →*Personal* vor der →*Tür* und holt einen wieder ab.

Katzenschau, die
Ein Zusammentreffen unbelehrbarer →*Zweibeiner*, die sich an der Vorstellung festklammern, ihre Katze sei die Schönste. Zu diesem Zweck setzen sie uns gekämmt und gestriegelt in eine →*Bewegliche Zelle*. Anschließend bringen sie uns in eine stickige Halle, führen uns vielen Menschen vor und hoffen, damit Preise und Titel einzuheimsen. Wir brauchen solche Bestätigungen nicht. Wir wissen, dass wir schön sind. Alle.

Katzensprung, der
Ein Ausdruck, mit dem →*Zweibeiner* einen sehr kurzen Weg bezeichnen und indirekt behaupten, wir könnten nicht weit springen. Dabei beweisen wir ihnen →*Tag* für Tag das Gegenteil, indem wir mit einem kühnen Satz auf den Schrank springen oder aus dem Stand den →*Tisch* entern. Gemessen an unserer Körpergröße eine enorme Leistung – das ist so, als würden sie aus dem Stand auf den →*Balkon* im ersten Stock springen. Das sollen die →*Zweibeiner* uns erst mal nachmachen!
Dennoch ist dieser diskriminierende Ausdruck fest in ihren Köpfen verankert.

Katzensteuer, die
Ein mühsames Thema, über das immer wieder diskutiert wird. Weil es diese Abgabe – im Gegensatz zur Hundesteuer – nicht gibt, werden gern Begriffe wie *ungerecht* und *regelwidrig* verwendet. Aber mal ganz ehrlich: Nur, weil das →*Personal* für einen →*Hund* bezahlen muss, ist das noch lange kein Grund, dies auch für uns zu tun. Schließlich verunreinigen wir weder →*Straßen* noch Wege, bekämpfen so-

gar →*Mäuse* und Ratten und sind für die →*Zweibeiner*-Gesellschaft unentbehrlich.

Katzenwäsche, die
→*Diskriminieren*de Bezeichnung für schludrig erledigte Körperpflege. Dass man diesen Begriff ausgerechnet mit unserer Spezies in Verbindung bringt, ist eine Unverschämtheit! Unsere ausgedehnte Fellpflege dauert bis zu zwei Stunden am →*Tag*. Auch wenn wir nichts davon halten, →*Wasser* dafür zu benutzen, und Shampoo und ähnlichen Produkten eine klare Absage erteilen.

Kissen, das
Angenehmes, weiches Polster, das in verschiedenen Größen auf →*Bett* und →*Sofa* anzutreffen ist und eine schöne Abwechslung zur →*Schachtel* darstellt. Leider wird der →*Kampf* darum, wer sich wann darauf →*breitmachen* darf, von den →*Mensch*en zuweilen sehr unfair entschieden.

Klopapier, das

Hängende Spielrolle, die sich leicht abwickeln lässt. Profis schaffen es, die langen, weichen Streifen in einem Stück abzuziehen. Ist diese Arbeit erledigt, lassen sich aus den Bahnen und Fetzen schöne Kunstwerke gestalten.
Leider ist kein Fall bekannt, in dem →*Zweibeiner* diese Art von Kreativität geschätzt und ein Meisterstück für die Nachwelt bewahrt hätte. Stattdessen machen sie immer Ärger.

Köter, der

Umgangssprachliche Bezeichnung für →*Hund*.

Koffer, der

Behälter, der darauf hinweist, dass das →*Personal* in →*Urlaub* fährt. Wird in der Regel mit unsinnigen Dingen gefüllt. Um den →*Zweibeiner*n zu verstehen zu geben, dass dieses Wegfahren →*Quatsch* ist und man den Kasten besser für ein Nickerchen verwendet, legen wir uns immer wieder konsequent hinein. Leider zeigen sich die →*Mensch*en in den meisten Fällen uneinsichtig, und wir werden verjagt.

Kontrolle, die

Auch wenn viele →*Menschen* unser Vertrauen genießen und wir →*Freundschaften* fürs Leben mit ihnen eingehen, ist Kontrolle im →*Zusammenleben* mit ihnen unerlässlich. Da sie seit Katzengedenken der Meinung sind, alle Fäden in der →*Hand* zu halten, und ihnen dies wichtig zu sein scheint, lassen wir sie in dem Glauben. Auch wenn wir stets die →*Krallen* im →*Spiel* haben und das eigentliche Geschehen im →*Haushalt* lenken.

Korb, der

Es passiert immer wieder, dass →*Zweibeiner* uns etwas Gutes tun wollen. Häufig kommt es dann zu wohlwollenden, aber unnützen Anschaffungen wie einem sogenannten Katzenkorb. Dabei entscheidet sich der fürsorglich geartete →*Mensch* gern für die plüschig-kuschelige Variante, während der Aufräumer eher zum rustikalen und pflegeleichten Modell aus Weidegeflecht greift.
Leider verstehen viele immer noch nicht, dass die Verpackung für uns wesentlich attraktiver ist als der Inhalt. Daher setzen wir uns aus Höflichkeit kurz in den Korb hinein, um es uns anschließend in der →*Schachtel* gemütlich zu machen.

Kralle, die

Wichtiges Teil der →*Tatze*. Insgesamt haben wir 18 Krallen: je fünf an den beiden Vorderpfoten und je vier an den beiden Hinterpfoten. Beim Laufen ziehen wir sie ein, auch beim Spielen, doch wehe, wir fahren sie aus: Dann sollten →*Mäuse*, →*Hunde* und provozierende →*Fremdkatze*n besser in Deckung gehen …

Beim Klettern sind sie ebenfalls eine wertvolle Hilfe. Sie sollten allerdings regelmäßig geschärft werden. Dafür eignen sich →*Kratzbaum*, →*Möbel* und →*Bäume* besonders gut. Für leichte Korrekturen kann man auch schon mal das Knie des →*Personals* verwenden.

Kratzbaum, der

Eine nette Erfindung der →*Zweibeiner*, die von →*Möbel*n und →*Sofa*s ablenken soll. Dabei sehen manche Modelle so abgefahren aus, dass wir uns ernsthaft fragen, ob bei der Gestaltung →*Droge*n im →*Spiel* waren. Einige von uns benutzen ihn bisweilen ganz gern. Andere wiederum lehnen ihn ab, weil sie ihn als unsinnige, erzieherische Maßnahme des →*Personal*s einstufen. Eben jeder, wie er mag.

Kratzen, das

Ein erprobtes Mittel, um zu zeigen, dass man mit etwas nicht einverstanden ist. Etwa, wenn man mit →*Wasser* gewaschen oder zum →*Tierarzt* gefahren werden soll. Dann ist es höchste Zeit, →*Kralle* zu zeigen und abzuhauen.

Auch das Kratzen an →*Türen*, um dem →*Personal* zu signalisieren, dass man hineingelassen werden möchte, hat sich bewährt.

Kraulzone, die

Wir werden gern gekrault, aber da manche →*Zweibeiner* partout nicht kapieren, dass ihre →*Hand* nicht überall willkommen ist, wurde nach einer repräsentativen Umfrage folgende Übersicht erstellt: Wie man dieser Darstellung entneh men kann, driftet die Beliebtheit der Bereiche enorm auseinander. Natürlich hat jeder von uns seine ganz eigenen Favoriten. Doch es gibt größere Schnittmengen.

Küche, die

Höchst interessantes →*Zimmer*, in dem das →*Personal* das →*Futter* für alle zubereitet. Doch statt einfach eine →*Dose* aufzumachen und den Inhalt in den →*Napf* zu füllen, verbringen →*Zweibeiner* dort viel →*Zeit* und verarbeiten umständlich das, was sie beim →*Einkaufen* gegen →*Geld* getauscht haben. Sie nennen es kochen, und das Ergebnis duftet oft herrlich.

Unfairerweise verschwinden die besten Sachen hinter →*Tür*en oder im →*Kühlschrank* und werden vom →*Personal* verspeist. Ein klarer Fall von →*Diskriminierung*. Auch die Höhe von →*Tisch* und Arbeitsfläche kommt uns nicht besonders entgegen.

Obwohl wir ihnen immer wieder unsere Hilfe anbieten, reagieren sie oft unfreundlich. Manchmal werfen sie uns sogar hinaus und schließen die →*Tür* hinter uns.

Dabei hätten wir viele Ideen, wie man den Speiseplan bereichern könnte. Zum Beispiel mit einem Mausragout, einem Fliegen-Omelett oder eingelegten Spinnen.

Kühlschrank, der

Ein Futtertresor in der →*Küche*, der in der Regel über eine gut schließende →*Tür* verfügt. Schafft man es aber sie zu öffnen, wähnt man sich im alten →*Ägypten*. Zwar sind die Leckereien zunächst ziemlich kalt, doch nach einer Weile gibt sich das, und man kann es sich schmecken lassen.

Kümmern sich

Wir fühlen eine gewisse Verantwortung für unsere →*Zweibeiner*, und es ist selbstverständlich, dass wir uns um ihr Wohl sorgen.

Wenn sie traurig sind, heißt es, sofort in Aktion zu treten. Dann springen wir ihnen auf den →*Schoß* und →*schnurren* und schmusen so lange, bis sie sich wieder beruhigt haben.
Auch wenn →*Zweibeiner* sich streiten, mischen wir uns ein. Hilft es nicht, ihnen um die Beine zu streichen, schreien wir so laut, dass sie ihren →*Kampf* unterbrechen müssen, um den →*Napf* zu füllen. Meistens geht es nach einer solchen Unterbrechung gesitteter zu.
Obwohl es in der Regel nicht besonders geschätzt wird, halten wir es für sinnvoll, auch nachts nach dem Rechten zu schauen und im Bedarfsfall einzugreifen.

Küssen, das

Anfangs ist es häufig irritierend, wenn zwei →*Menschen* sich plötzlich beschnuppern, die Münder aufeinanderdrücken und sich gegenseitig zu →*putzen* versuchen. Sie nennen diese laienhaft wirkende Lippen- und Zungenakrobatik, die sich hauptsächlich auf die Kopfregion beschränkt, Küssen.
Auch wenn das Ergebnis sehr zu wünschen übriglässt, scheint es ihnen zu gefallen. Sie →*schnurren* zwar nicht, machen aber Geräusche, die auf Begeisterung schließen lassen.
Achtung: Sollte es dabei zu →*Schreien* kommen, mögen sie es nicht, wenn wir uns einmischen.

Kunst, die

Da wir weltweit zu den meistgeliebten Mitbewohnern zählen, ist es selbstverständlich, dass wir für viele Künstler ein Motiv sind. Mal werden wir als Kuscheltier abgebildet, mal als dämonische Jäger. Auch in Zusam-

menhang mit erotischen Anspielungen oder als Spiegelbild des Menschlichen findet man viele Abbildungen von uns.
Daneben stellt der →*Mensch* gern Kitschfigürchen her, die uns Katzen in den unmöglichsten Haltungen zeigen. Mal werden wir bekleidet dargestellt, mal in schrecklichen Farben mit dämlichen Gesichtsausdrücken. Manche →*Zweibeiner* sammeln diesen geschmacksfreien Krempel mit Leidenschaft und stellt ihn überall im Haus auf. Leider auch auf der →*Fensterbank*, wo wir den ohnehin beengten Platz schon mit unnützen →*Pflanze*n teilen müssen. Fällt eines zu Boden und zerbricht, freut sich das →*Personal* komischerweise nicht etwa über die →*Glück* bringenden Scherben.
Weitaus weniger bekannt ist, dass auch wir uns gern selbst künstlerisch betätigen. So gibt es wahre Meister, die Skulpturen aus →*Klopapier* herstellen. Daneben gibt es Spezialisten, die jede noch so langweilige →*Tapete* in ein aufregendes Relief verwandeln können. Doch in diesen Fällen hat der →*Zweibeiner* keinen Sinn für Schönheit. Er →*schimpft* lediglich, wenn er sieht, was wir geschaffen haben.

L

Langsamkeit, die

Obwohl →*Zweibeiner* Weltmeister im Verbreiten von →*Stress* und →*Hektik* sind, erledigen sie Aufgaben wie das Öffnen von →*Tür*en und →*Fenster*n oder das Servieren von →*Futter* mit einer quälenden Langsamkeit, die uns regelmäßig aus dem Fell fahren lässt.
Bemerkungen wie »Jetzt hab dich mal nicht so« oder »Du verhungerst nicht sofort« sind da nicht gerade konstruktiv.
Bedauerlicherweise ändert sich dieses Verhalten, wenn es sich um Fahrten zum →*Tierarzt* handelt. Dann sitzen wir ratzfatz in der →*Beweglichen* *Zelle* und können von einer Flucht durch die →*Katzenklappe* nur träumen.

Lauern, das

Wichtige, oft langwierige Phase der →*Jagd,* die viel →*Geduld* erfordert. Bisweilen auch ein beliebter Zeitvertreib im Schlafzimmer, wenn sich unter der →*Bett*decke der →*Zweibeiner* etwas regt. Leider verstehen die nur selten →*Spaß* …

Lebensrhythmus, der

Die Lebensrhythmen von uns und den →*Zweibeiner*n unterscheiden sich grundlegend. Sie gehen ausgerechnet dann ins →*Bett,* wenn wir munter werden und spielen wollen. Ganz egal, wie viel wir uns Mühe geben, sie lassen sich einfach nicht dazu überreden, mit uns auf Mäusejagd zu gehen oder →*Quatsch* zu *machen.* Schade.

Sind wir gegen Morgen aber müde und wollen uns hinlegen, ist der Begriff →*Rücksicht* ein Fremdwort. Dann verbreiten sie →*Hektik* und glauben, der richtige Moment zum →*Saubermachen* sei gekommen. Dabei plädieren wir seit Katzengedenken für mehr →*Ruhe* im →*Haushalt*.

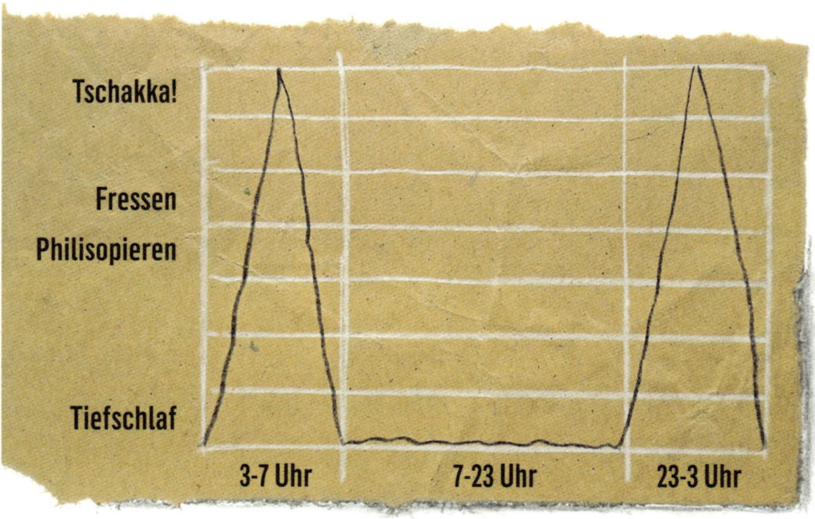

Leine, die

Eine Schnur, an der →*Hund* und →*Traumsauger* herumgeführt werden können. Manche →*Dosenöffner* versuchen diese unwürdige Nummer auch mit uns. Um dem Zirkus rasch ein Ende zu bereiten, legt man sich am besten auf den Boden und mimt die tote →*Maus*.

Lesen, das

Unnütze Tätigkeit, bei der die →*Zweibeiner* regungslos auf beschriebene Seiten →*lauer*n, statt sich mit uns zu beschäftigen. Sind die

Bögen groß, werden sie als →*Zeitung* bezeichnet, kleine bedruckte und zusammengeklebte Blätter nennen sie ›Buch‹. Mittels →*Hypnose* können wir das →*Personal* gut auf das Wesentliche in ihrem Leben aufmerksam machen: auf uns!
→*Zweibeiner*, die es mit dieser Beschäftigung übertreiben, werden seltsamerweise als Leseratten bezeichnet.

Lieblingsplatz, der
Beliebter Ort, der je nach Stimmung, Tages- oder Jahreszeit wechseln kann.
Man unterscheidet zwischen
– Plätze mit Aussicht (Hocker vor Fenster, Fensterbank) und ohne (hohe Schachtel).
– Vergänglich (Altpapier und Schmutzwäsche) und beständig (Schrank).
Ist der Lieblingsplatz des →*Personals* mit unserem identisch, kann dies zu →*Stress* und Auseinandersetzungen führen ….

Lob, das
Jeder weiß, dass ein Lob von →*Zeit* zu Zeit unglaublich motivierend ist und die Freundschaft erhält. Doch leider warten wir auf diese wichtige Rückmeldung oft vergebens. Vor allem, wenn wir eine lebende →*Maus* erfolgreich nach Hause geschleppt haben, bleibt sie

häufig aus. Umgekehrt gilt: Nicht gemaunzt ist Lob genug.

Logik, die

Die sogenannte *Lehre des vernünftigen Schlussfolgerns* ist →*Zweibeiner*n völlig fremd. Wir vermuten, dass es ihnen an Erfahrung und geistiger Reife fehlt, unsere Verhaltensweisen zu durchschauen. Zum →*Glück* stehen wir ihnen auch bei dieser Angelegenheit freundschaftlich zur Seite.

So ist ihnen nicht klarzumachen, wie wichtig es ist, sofort wieder hinauszugehen, obwohl man kurz zuvor hineingelassen werden wollte. Schließlich kann man nur so abschätzen, wo es einem gerade besser gefällt, oder?

Auch die Tatsache, dass der Inhalt des →*Napf*s, der *nicht* für uns bestimmt ist, immer

voll

leer

interessanter ist als unser eigener, werden sie wohl nie verstehen.

Ähnlich verhält es sich mit Geschenken. Warum →*Geld* für spezielles Katzenspielzeug und →*Körbe* zum Fenster hinauswerfen? Auf die Verpackung kommt es an! Für eine schön engsitzende →*Schachtel* lassen wir alles stehen und liegen. Außer ihr tragt schwarze Kleidung. Dann kuscheln wir zuerst mit euch. Logisch, oder?

M

Maus, die

Kleine, pelzige Zwischenmahlzeit mit Spiel- und Trainingseffekt, die sich bei schlechtem →*Wetter* bequem ins Haus oder in die Wohnung transportieren lässt. Auch wenn das viele →*Mensch*en nicht gerne sehen, häufig gar mit →*Jaulen* reagieren.

Die Spielverderber unter den Mäusen verschanzen sich in oder unter →*Möbel*n, was die →*Jagd* beträchtlich in die Länge ziehen kann. Das hat häufig zur Folge, dass wir die Lust verlieren und das Projekt nicht weiterverfolgen. In solchen Fällen werden ausgerechnet wir von →*Zweibeiner*n darauf aufmerksam gemacht, dass wir gefälligst mehr Konsequenz zeigen sollten.

In dieser Rubrik nimmt die Staubmaus eine Sonderstellung ein. Sie entsteht, wenn das →*Personal* es mit dem →*Saubermachen* nicht so genau nimmt. Sie gedeiht hervorragend unter Schrank und →*Sofa* und lässt sich gut →*jagen*.

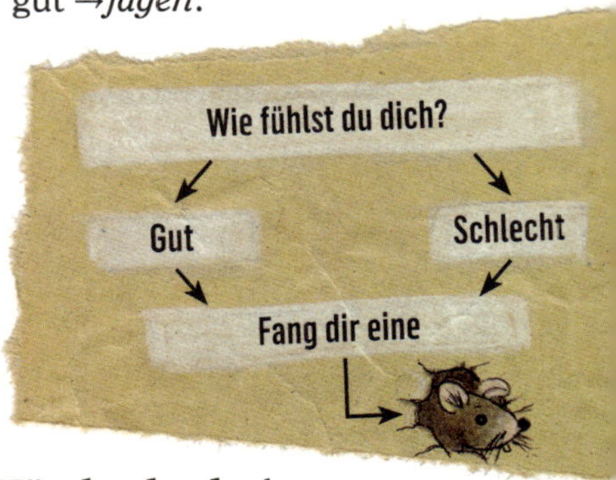

Märchenbuch, das

Läuft beim →*Menschen* unter dem Begriff »Katzenratgeber«. In diesen Büchern geben sogenannte *Experten* Auskunft darüber, wie wir ticken und wie unsere →*Erziehung* aussehen sollte.

Auch lassen sie sich gern über →*Übergewicht* und ähnlich überflüssige Themen aus. Mit der nötigen Konsequenz können wir vielen →*Zweibeiner*n klarmachen, dass diese Bücher zum →*Altpapier* gehören.

Medizin, die

Eklig schmeckende Pillen oder Tropfen, die wir meist dem →*Tierarzt* zu verdanken haben. Sie sind nur mit Leberwurst oder ähnlichen →*Delikatesse*n erträglich. Wenn man sie uns mit Zwang verabreicht, kann es leicht dazu führen, dass wir →*beleidigt sind.* Obwohl wir das nicht gern zugeben, hilft sie allerdings häufig, wenn wir krank sind.

Mensch, der

Den Menschen gibt es in verschiedenen Hautfarben und Größen und in zwei Geschlechtern. Dabei lassen die Männchen sich leichter um die →*Kralle* wickeln als die Weibchen. Obwohl wir ihn seit Katzengedenken als →*Personal* beschäftigen, ist er oft erziehungsresistent und legt merkwürdige Verhaltensweisen an den →*Tag*.

So stellt er sich beispielsweise freiwillig unter einen Wasserstrahl und zeigt sich furchtlos beim →*Tierarzt*. Dafür graust es vielen von ihnen vor einer →*Maus* oder einer Spinne.
Nichtstun →*stress*t ihn enorm. Statt mal ruhig auf dem →*Sofa* oder in einer →*Schachtel* zu →*philosophieren*, muss er sich immerzu mit etwas beschäftigen. Gegen →*Lesen* ist nichts einzuwenden, obwohl er dann derart absorbiert ist, dass er sich kaum noch um uns →*kümmert*.
Lästig wird es, wenn er beginnt →*aufzuräumen* und so unseren →*Schlaf* stört.
Obwohl wir uns stets um sein Wohlergehen und den →*Haushalt kümmern*, hat die Qualität des →*Zusammenlebens* seit der →*Zeit* im alten →*Ägypten* erheblich gelitten.
Immer wieder kommt es zu unerklärlichen Trotzreaktionen wie →*Schimpfen* und →*Jaulen*, weil er glaubt, alles besser zu wissen. Nicht, dass uns das besonders berührt, ein verdientes →*Lob* sieht aber anders aus.
Von einem →*gleichberechtigt*en *Zusammenleben* sind wir jedenfalls noch weit entfernt …

Miau

Ein einfacher, leicht zu verstehender Laut, so möchte man meinen. Doch leider gibt es immer wieder Verständigungsprobleme mit den →*Zweibeiner*n. Ganz egal, wie viel Mühe wir uns mit der Intonation geben, sie kapieren nur selten, was wir ihnen sagen wollen.

Möbel, die

Ruhe- und Schlafplätze in Haus, Wohnung, auf dem →*Balkon* und im →*Garten,* auf die jedoch auch →*Zweibeiner* Anspruch erheben. Deshalb gibt es häufig ermüdende Diskussionen in Sachen →*Gleichberechtigung*. Auch erzeugt das Schärfen von →*Krallen* an diesen Gegenständen stets wieder →*Ärger,* und man wird häufig unsanft zur Seite geschoben oder gar entfernt. Obwohl man definitiv zuerst dort lag!

N

Nachbar, der

Ein →*Zweibeiner*, der im selben Haus oder nebenan wohnt. Lässt sich leicht davon überzeugen, dass man zu Hause nicht genug →*Futter* bekommt und dem Hungertod nahe ist. Ist dies gelungen, steht in der →*Zweitwohnung* bald ein zusätzlicher →*Napf* mit →*Delikatessen* zur Verfügung, und man bekommt jede Menge Streicheleinheiten. Manche von uns haben es gar so geschickt eingefädelt, dass sie mehrere dieser Ausweichquartiere haben. Meist dauert es nicht lang, bis das eigene →*Personal* ein schlechtes Gewissen bekommt und die →*Futterqualität* zu Hause sich verbessert.

Name, der

Ein düsteres Kapitel im Zusammenleben von Katze und →*Mensch*. Immer wieder kommt es zu betont witzigen Bezeichnungen wie *Cappuccino*, *Tripsi* oder gar *Mäuschen*. Wenn wir darauf nicht reagieren, sind die Herrschaften oft auch noch beleidigt …
Außerdem verwenden die →*Zweibeiner* sogenannte Kosenamen. Gutgemeinte Peinlichkeiten, die in den eigenen Wänden gerade so erträglich sind. Wir möchten jedoch darauf hinweisen, dass sie nicht verwendet werden sollten, wenn andere Katzen in der Nähe sind. So etwas spricht sich herum, und die Blamage ist enorm.

Napf, der

Die meisten von uns besitzen mehrere Näpfe: einen für Dosenfutter, einen für →*Wasser* und einen dritten für Trockenfutter. Leider driften der Soll- und der Ist-Zustand dieser Gefäße enorm auseinander. Ist das →*Personal* der irrigen Meinung, dass der Napf in erster Linie *hübsch* auszusehen hat, finden wir, dass er vor allen Dingen *gefüllt* sein sollte. Immer. Und zwar frisch. Auch lässt die Sauberkeit in vielen Fällen sehr zu wünschen übrig. Man könnte ihn ruhig öfter spülen!

Napfhocken, das

Oft bemerken die →*Zweibeiner* nicht, wie trostlos die Futterlage ist und dass man dem Hungertod bedenklich nahegekommen ist. Dann greifen wir zu dieser Disziplin, die viel Konsequenz und →*Geduld* erfordert, und hoffen, dass der →*Dosenöffner* bald in die Gänge kommt.

O

Orakel, das

Große Hilfe, wenn →*Entscheidungen* getroffen werden müssen. Auch nett bei Langweile.

Besonders empfehlenswert ist das Trockenfutter-Orakel. Man setzt sich entspannt neben den Trockenfutternapf, fährt mit der →*Tatze* schwungvoll durch den Inhalt und deutet anschließend das Ergebnis.

Auch wenn die Prophezeiung nicht immer in Erfüllung geht, eines ist gewiss: Die →*Zweibeiner* →*jaulen*, wenn sie die Ergebnisse auf dem Boden entdecken.

P

Papiertüte, die
Raschelnder Beutel, der sich hervorragend zum Verstecken und →*Quatschmachen* eignet. Taugt auch zum Transportieren von →*Futter*.

Personal, das
Siehe →*Zweibeiner*, →*Mensch* und →*Dosenöffner*.

Pflanze, die
Gewächs, das auf der →*Fensterbank* so viel Platz wegnimmt, dass wir uns häufig gezwungen sehen, es zu entfernen. Das scheint weder ihm noch den →*Zweibeiner*n zu bekommen.
Hat man es erst mal beiseitegeräumt, tun sich vorübergehend neue Spielmöglichkeiten auf, die man sofort nutzen sollte, denn wahrscheinlich ist der →*Traumsauger* nicht mehr weit.
Große Pflanzen, die bereits auf dem Boden stehen, eignen sich gut zum Hinterlassen von →*Duftmarke*n, als →*Katzenklo* oder zum Schärfen der →*Krallen*.
Das Grün auf dem →*Balkon* und im Garten stört weit weniger. Es bietet Schatten, und man kann sich gut darunter verstecken. Leider finden sich viel zu selten anregende →*Droge*n darunter wie Baldrian und Katzenminze.
Doch Obacht, liebe →*Zweibeiner*: Manche Pflanzen, die bei euch hoch im Kurs stehen, wie Birkenfeige, Weihnachtsstern, Azalee und Alpenveilchen, sind für uns pures Gift!

Philosophieren, das
Wichtige Beschäftigung, wenn es um →*Entscheidungen* geht. Dabei gehen wir bedeutenden Fragen des Lebens und des Seins nach. Auch wenn es wie einfaches Nichtstun aussieht, pflegen wir stets tiefe Gedanken. Diese Tätigkeit sollte bevorzugt auf dem →*Lieblingsplatz* stattfinden und lässt sich jederzeit mit einer Runde →*Schlaf* oder einem Nickerchen kombinieren.

Putzen sich

An unserem Reinlichkeitssinn können sich viele →*Zweibeiner* ein Vorbild nehmen.

Brauchen wir lediglich unsere Zunge, um schön und gepflegt auszusehen, vergeuden →*Zweibeiner* dazu Unmengen an →*Wasser*. Manche gehen gar so weit und setzen sich in eine riesige mit Wasser gefüllte Schale, so dass nur noch der Kopf zu sehen ist. Abartig …

Doch unsere Fellpflege hat auch noch eine andere Funktion. Da wir nur wenige Schweißdrüsen am Kinn und an den Ballen besitzen, verteilen wir beim Ablecken unseres Körpers möglichst viel Speichel. Durch die so entstehende Verdunstungskälte verschaffen wir uns Abkühlung.

Q

Quatschmachen
Angenehme Tätigkeit, bei der →*Drogen* im Spiel sein können. Sie kommt ganz plötzlich über uns und kann von den unterschiedlichsten Dingen ausgelöst werden: von einer Staubmaus oder einer Socke, der wir auf der Stelle zeigen müssen, wer hier das Sagen hat, von einem Windstoß, der uns durchs Fell streicht, oder auch einfach nur, weil wir supergute Laune haben. Dann sausen wir über →*Sofas* und Stühle, durch Flur und Treppenhaus, bis wir plötzlich innehalten, uns →*putzen* und schauen, als wäre nichts gewesen.
Sie wird vom →*Personal* wohlwollend zur Kenntnis genommen, solange es nicht Bereiche wie →*Schreibtisch* oder →*Deko-Kratzbaum* tangiert. Dann ist Schluss mit lustig, und sie beginnen zu →*jaulen*. Auch wenn sie im →*Bett* liegen, sind sie selten zum →*Spielen* aufgelegt, sondern wollen in Ruhe gelassen werden. Langweiler …

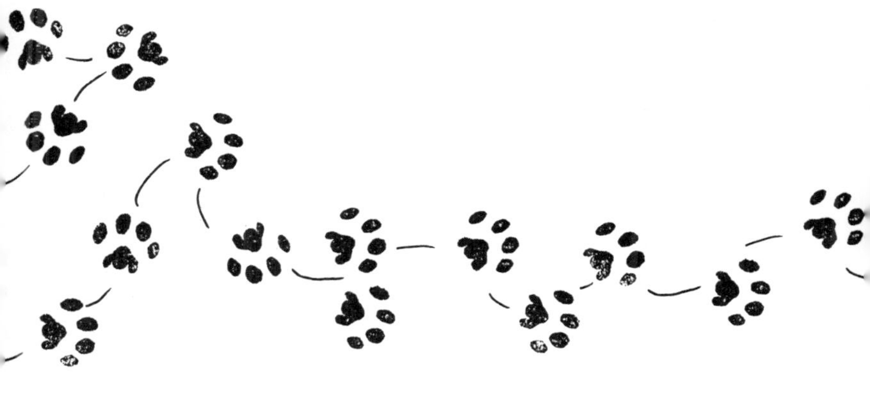

R

Ratte, die

Große, pelzige Mahlzeit, deren Fang nicht ganz ohne Risiko ist. Eignet sich nur bedingt zum →*Spielen* und ist den →*Stubenhocker*n unter uns weitgehend unbekannt. →*Zweibeiner* reagieren schon beim Anblick mit Stresssymptomen. Dabei wäre ein →*Lob* wirklich angebracht. Auch die Tatsache, dass wir diesen Braten nicht immer ganz aufessen, sorgt häufig für Geschrei. Seltsamerweise bezeichnet das →*Personal* etwas, das es großartig oder sexuell erregend findet, als *rattenscharf*. Da fragt man sich schon, wo hier die →*Logik* ist …

Rätsel, das

Vieles im Verhalten der →*Zweibeiner* bleibt uns unverständlich und geheimnisvoll. So wüssten wir zum Beispiel gern, was es mit diesem sogenannten →*Urlaub* auf sich hat und warum es ihnen dort besser gefällt als bei uns? Und was so toll daran ist, sich in einen Bottich voll mit →*Wasser* zu legen. Aber auch folgende Fragen schreien geradezu nach einer Antwort: Warum essen wir nicht alle zusammen am →*Tisch*? Wann schlafen wir ohne Murren in einem →*Bett*? Warum kaufen sie uns immer das falsche →*Futter*? Und wann jagen wir mal gemeinsam eine →*Maus*?

Regeln, die

Obwohl wir den gemeinsamen Alltag für unsere

→*Zweibeiner* stets so angenehm wie möglich gestalten, macht das →*Personal* uns das Leben schwer mit irgendwelchen Pseudogesetzen, die besagen, dass alles *so* gemacht werden soll, wie *sie* sich das vorstellen. →*Gleichberechtigung* sieht anders aus.
Daher werden wir uns diesen hirnrissigen Vorschriften konsequent entgegenstellen. Bis *unsere* →*Erziehung* greift und die von uns vorgeschlagenen Anregungen in die Tat umgesetzt werden. Noch haben wir Geduld …

Regen, der
Nassmachende Wetterform, auf die man verzichten kann wie auf wildgewordene →*Köter*. Kommt man aus dem Regen nach Hause, äußert das →*Personal* gern unlogische Sätze wie ›Iiiih, bist du nass!‹.
In ungünstigen Fällen wird man abgetrocknet oder gar geföhnt. Danach sieht man aus, als wäre man vom →*Traumsauger* überfahren worden.

Redensart, die
Sätze, mit denen →*Dosenöffner* versuchen, das Leben zu erklären. Viele sollten umformuliert werden:
– Ist der →*Zweibeiner* weg, ist das Haus für die Katz.
– →*Kratzbäume* wachsen nicht in den Himmel.
– Die →*Wurst* fällt nicht weit vom Tisch.
– Geteilte →*Maus* ist halbe Maus.

– Trautes Heim, →*Napf* allein.
– Eine Maus macht noch keinen Frühling.
– Die Katz' im Haus erspart den Kammerjäger.

und wo unterwegs war. Mit manchen sind wir gut befreundet, andere, feindlich gesinnte Katzen versuchen wir sofort zu vertreiben.

Revier, das
Wie groß das Revier von →*Freigänger*n ist, hängt von vielen Faktoren ab. Leben wir auf dem Land, beanspruchen wir ein recht großes Areal. Wohnen wir in der Stadt, müssen wir flexibler sein und teilen unser Hoheitsgebiet mit anderen Katzen. Die →*Duftmarke*n signalisieren uns, wer wann

Erst recht, wenn sie sich ungebeten auf einem unserer →*Lieblingsplätze* niederlassen! Hilft kein →*Fauchen* oder →*Krallen*wetzen, kann es zu gefährlichen Auseinandersetzungen kommen. Dabei spielt der →*Napf*-Faktor eine erhebliche Rolle: Bekommen wir genug zu fressen und sind somit nicht auf jede →*Maus* oder →*Rat-*

te angewiesen, wird der →*Kampf* um das jeweilige Revier längst nicht so verbissen geführt.
Dennoch lauert Gefahr an jeder Ecke: In Form von →*Hund*en, die auf Krawall gebürstet sind, schnellfahrenden Autos oder →*Mensch*en, die uns nicht leiden können und verjagen.

Rücksicht, die
Das →*Zusammenleben* könnte so schön sein, wenn alle Rücksicht aufeinander nähmen. Doch ist dieser Begriff für das →*Personal* nach wie vor ein Fremdwort.
Kaum haben wir es uns irgendwo gemütlich gemacht, ist es so sicher wie das →*Futter* in der →*Dose*, dass irgendein →*Zweibeiner* →*Hektik* und →*Lärm* verursacht.
Auch kommt es regelmäßig vor, dass die →*Schachtel*, die gerade eine optimale Form erreicht hat, einfach zum →*Altpapier* gegeben wird! Von →*Traumsauger*n und ungebetenem →*Besuch* wollen wir hier erst gar nicht anfangen …

S

Saubermachen, das

Scheußliche Steigerung von →*Aufräumen*, die unsere gesamte Ordnung durcheinanderwirbelt. Geht in der Regel einher mit dem →*Lärm* des →*Traumsauger*s und dem verschwenderischen Einsatz von →*Wasser*. Anschließend fehlen →*Altpapier*, →*Schlafschachteln* und angenehme →*Duftmarke*n. Manchmal wird auch fremdes →*Personal* damit beauftragt. Mit etwas →*Glück* und guter →*Erziehung* bringt es einem bald kleine →*Delikatesse*n mit, von denen der hauseigene →*Zweibeiner* nichts erfährt.

Schachtel, die

Ein →*Tag* in einer schönen Schachtel ist ein guter Tag. Dabei ist wichtig, dass sie stets ein wenig zu klein gewählt wird. Dann ist eine optimale Geborgenheit gewährleistet und →*Stress* wird zum Fremdwort. Außerdem wärmt so ein Karton optimal. Unsere Vorfahren stammen bekanntlich aus Nordafrika, dem Nahen Osten und Kleinasien. Nach einer Studie liegt unsere sogenannte thermoneutrale Zone bei 30 bis 36 Grad Celsius. Das bedeutet: Bei dieser Temperatur muss unser Körper keine überschüssige Wärme produzieren. Da es in unseren Breitengraden meistens eher kälter ist, frieren wir leicht, und so kommt eine gut isolierende Schachtel wie gerufen.
Wir sind übrigens nicht die Einzigen mit diesem Spleen.

Auch Großkatzen wie Tiger, Panther und Löwen lieben Schachteln!
→*Zweibeiner* schätzen sie offenbar weit weniger. Aus diesem Grund landen die besten Modelle leider im →*Altpapier*.

Schimpfen, das
Lautstarke Form von Unmutsäußerung, zu der sich das →*Personal* bereits bei Kleinigkeiten hinreißen lässt und deren Gründe für uns nur selten nachvollziehbar sind. Beginnt in der Regel mit Ausrufen wie »O nein!« oder »Das darf doch nicht wahr sein!« und zieht häufig eine lange Litanei an Verwünschungen nach sich. Auslöser dafür können das Auffinden oder das Verspeisen einer →*Maus*, das Befragen des Trockenfutter→*orakel*s oder ein nächtlicher →*Besuch* im →*Bett* sein. Auch wenn wir freundlicherweise testen, ob Butter und Schinken noch essbar sind, →*jaulen* sie sofort. Danach wundern sie sich, dass wir →*beleidigt* sind.

Schlaf, der
Sinnvolle Beschäftigung nach Momenten des →*Nachdenken*s und →*Philosophieren*s oder einer Mäusejagd. Optimal schläft es sich an einem →*Lieblingsplatz*. Dort kommt es auch am ehesten zu schönen →*Träumen*.
Leider ist der →*Lebens-*

rhythmus des →*Mensch*en völlig aus dem Lot geraten und er geht dieser Tätigkeit zu den unmöglichsten →*Zeiten* nach. So sind Schlafstörungen vorprogrammiert. Diese können ebenfalls verursacht werden durch die Türklingel, unmotiviert streichelnde Hände und →*Blockflöte*n. Eine Sonderstellung nimmt der →*Traumsauger* ein.

Schnee, der
Flockende Wetterform, bei dem das Fell weiß und die Pfoten kalt werden. Ist seltener als →*Regen* und lässt sich wesentlich besser abschütteln. Manche von uns →*spielen* gern in dem Zeug, doch die meisten hassen es. Den →*Junge*n gefällt dieser Schnee offensichtlich ganz besonders, sie tollen draußen herum und bauen Schneemänner – warum eigentlich keine Katzen?

Schnurren, das
Stimmlose Lautäußerung, mit der wir in erster Linie →*Glück*, Vertrauen und Wohlbehagen signalisieren. Wir schnurren von Geburt an und kommunizieren so miteinander. Es wirkt aber auch beruhigend auf uns, wenn wir im →*Stress* sind oder Schmerzen haben.

Das Schnurren und die daraus resultierende Vibration hat dank ihrer besonderen Frequenz einen heilenden Effekt auf unseren Körper. Es stärkt die Knochen und kann sogar Brüche schneller heilen lassen!
Auch auf unsere Zweibeiner hat es eine positive Auswirkung. Es hilft ihnen, zu entspannen, und wirkt unter anderem blutdrucksenkend.

Schoß, der

Weicher Liege- und Schlafplatz, ungefähr in der Mitte des Körpers der →*Zweibeiner*. (s. →*Anatomie*)

Schreibtisch, der

Ein gemütlicher, oft mit →*Altpapier* übersäter →*Tisch*, auf dem man allerlei zum →*Quatschmachen* findet. Mit etwas Glück steht dort auch ein →*Computer* oder Laptop mit Tatztatur. Warum →*Zweibeiner* angeblich immer ausgerechnet *die* Dinge benötigen, auf denen wir es uns gerade bequem gemacht haben, ist eines der →*Rätsel* unseres →*Zusammenlebens*. Anstatt sich mit dem zu beschäftigen, was frei zugänglich ist, →*schimpfen* sie oder werfen uns gar aus dem →*Zimmer*.

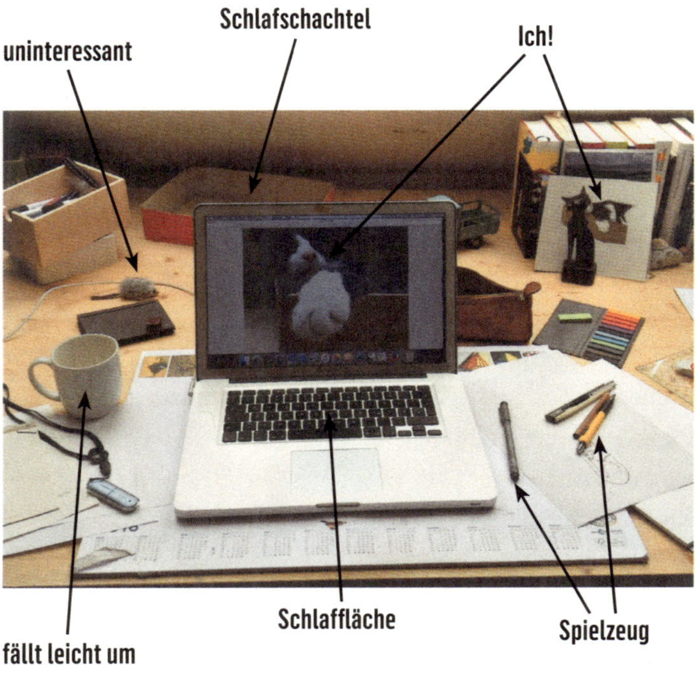

Schriftsteller, der

Viele Bücher schreibende →*Zweibeiner* leben gern mit uns zusammen. Das ist kein Wunder, denn wir inspirieren sie zu guten Geschichten, sind nicht so aufdringlich wie →*Menschen* und strahlen genau die →*Ruhe* aus, die man für diesen →*Beruf* braucht. Manch einer von uns darf sogar direkt auf ihrem →*Schreibtisch* in einer →*Schachtel* liegen. Es gibt sogar Bücher, die unsere Kollegen mit ihren Zweibeinern zeigen.

Schublade, die

Ein angenehmer Rückzugsort, vor allem, wenn sie mit frisch gewaschener Wäsche gefüllt ist. Leider kommt es immer wieder vor, dass dieser Platz leichtfertig zugemacht wird und man in der Falle sitzt. Bis die unsensiblen →*Zweibeiner*-Ohren unser →*Jaulen* vernehmen, kann es dauern.

Schwanz, der

Ein hübscher und sinnvoller Teil unseres Körpers, der zugleich als Stimmungsbarometer dient. Auch hilft er uns, bei Sprüngen das Gleichgewicht zu behalten. Ganz anders als beim Hund, der damit hauptsächlich planlos herumwedelt.

Da nicht jeder →*Zweibeiner* in der Lage ist, die Haltung und Bewegungen unseres Schwanzes richtig zu deuten, haben wir einige Hinweise zusammengestellt.

Sex, der

Eine intime Angelegenheit, bei der jede ordentliche Katze sich auf bestimmte Jahreszeiten beschränkt. Ganz im Gegenteil zu ihren →*Zweibeinern*, bei denen dieses Thema ein Dauerbrenner über das ganze Jahr und in jedem Alter ist. Wir hingegen gehen mit diesem intimen Anliegen verschwiegen um. Das heißt, wenn der →*Tierarzt* uns die Nummer nicht längst vermasselt hat.

Snack, der

Beliebte, leider nur selten verabreichte Zwischenmahlzeit in Form von kleinen Schinkenstücken oder anderen →*Delikatessen*, die sich meist auf dem →*Tisch* befinden. Vor allem →*Dosenöffner* mit übersteigertem Märchenbuchkonsum stufen ihn als schädlich ein und drohen schnell mit einer →*Diät*. Lässt die Versorgung im eigenen →*Haushalt* zu wünschen übrig, schauen wir gern mal beim →*Nachbar*n vorbei. Wenn alle Stricke reißen, kommen auch →*Insekt*en in Frage.

Sofa, das

Das →*Bett* für den Tag steht oft vor dem →*Fernseher*. Vor allen Dingen abends, wenn es dort eng wird, ist →*Gleichberechtigung* ein Fremdwort. Dann werden wir eiskalt abserviert, obwohl wir dort lange vor dem →*Personal* lagen. Eine Sonderform stellt das sogenannte Chaiselongue dar, das früher unseres Wissens nach Chatlong, *dt.: Lange Katze*, hieß. Damals war diese offensichtlich speziell für uns erfundene Variante aus dem →*Zimmer* nicht wegzudenken. Irgendwann wurden wir von diesem himmlischen Platz verjagt, und man gab ihm vorsichtshalber einen anderen →*Name*n.

Sorge, die
Unnötige Gedanken, die →*Zweibeiner* sich wegen jeder Kleinigkeit machen.

Sonnenbad, das
Sosehr wir ein Bad im →*Wasser* verabscheuen, begrüßen wir ein warmes Plätzchen in der Sonne. Es ist unklar, warum →*Zweibeiner* dafür extra die →*Koffer* packen und in →*Urlaub* fahren müssen, statt es mal auf der →*Fensterbank* oder auf dem →*Balkon* zu versuchen. Wir rutschen auch jederzeit.
Von dem →*Geld*, das dabei gespart wird, könnte man →*Delikatesse*n für alle kaufen!

Zum Beispiel dann, wenn wir nicht pünktlich nach Hause kommen, weil wir uns spontan auf die →*Lauer* gelegt haben, um eine →*Maus* zu fangen. Besonders schlimme Sorgen bringen sie gar um den →*Schlaf*. Dabei sollten sie sich lediglich darum sorgen, dass genügend Leckereien für uns im Haus sind.

Spaß, der
Ein heikles Thema im →*Zusammenleben* mit →*Zweibei-*

nern, da sich die Auffassungen enorm unterscheiden. Finden sie es beispielsweise lustig, uns mit →*Wasser* zu bespritzen, haben wir große Freude daran, eine →*Maus* durch das →*Zimmer* zu jagen. Auch der →*Vorhang* eignet sich gut zum →*Quatschmachen*: Ist man erst mal oben, kann man →*Zweibeinern* gut auf die Schulter springen. Leider bringt sie das kein bisschen zum Lachen. Wir befürchten, da werden wir wohl nie auf einen gemeinsamen Nenner kommen.

Spaziergang, der

Manche →*Freigänger* begleiten ihren →*Zweibeiner* draußen gern mal ein Stück. Allerdings nur so weit, wie unser →*Revier* das erlaubt. Schließlich wollen wir es nicht auf einen →*Kampf* mit →*Fremdkatzen* ankommen lassen. Allerdings lassen sich nur die wenigsten von uns an einer →*Leine* herumführen. Das ist weit unter unserer Würde. Schließlich sind wir keine →*Hunde*.

Spiegel, der

Es ist uns ein →*Rätsel*, warum →*Zweibeiner* vor dieser glänzenden Fläche so viel →*Zeit* verbringen. Wir können da nämlich gar nichts erkennen. Kleine Exemplare halten sie sich direkt vor die Nase, größere hängen meist an der Wand. Wenn sie davorstehen, machen sie an ihrem →*Haar* herum, schneiden sonderbare Grimassen oder drehen sich im Kreis. Danach gehen sie häufig schlecht gelaunt zum Schrank und ziehen sich andere Kleidung an. Stehen sie nackt vor dieser Scheibe, beginnen sie manchmal zu →*jaulen*. Dann fallen Begriffe wie fett

und →*Diät*. Danach ist die Stimmung im →*Katzenklo*, und wir müssen uns intensiv um sie →*kümmern*.
Es gibt allerdings Kollegen, die dort schon eine andere Katze entdeckt haben. Merkwürdigerweise ahmte sie ihre Bewegungen nach und roch kein bisschen …

»Wenn ich mit meiner Katze spiele, bin ich nie ganz sicher, ob nicht ich ihr Zeitvertreib bin.«

Michel de Montaigne

Spiel, das
Wichtiger Bestandteil des →*Zusammenlebens* mit →*Zweibeinern*. Es macht ihnen gute Laune und verhindert, dass sie phlegmatisch werden. Obwohl wir es oft recht langweilig finden, an Schnüren befestigten Federn, Papierkügelchen oder Bällchen nachzujagen, täuschen wir Begeisterung vor. Nicht dass sie sich am Ende noch →*Sorge*n machen und glauben, wir seien krank.

Sport, der
Weit verbreitetes →*Spiel*, das mit →*Hektik* einhergeht. Sehr beliebt ist beispielsweise Rennen, obwohl weit und breit keine →*Maus* in Sicht ist. Manche →*Zweibeiner* benutzen dazu Stöcke. Diese werfen sie nicht, um dem →*Hund* eine Freude zu machen, sondern stützen sich beim Gehen damit ab. Es ist unverständlich, warum sie nicht lieber zu Hause bleiben, wenn sie schon nicht gut zu →*Fuß* sind.
Andere Variationen kann man auch im →*Zimmer* betreiben. Dafür legt sich das

→*Personal* auf den Boden und macht lustige Bewegungen, die an →*Yoga* erinnern. Leider wird es nicht gern gesehen, wenn wir mitspielen wollen.
Doch in der Regel ebbt diese Begeisterung, ähnlich wie bei der →*Diät*, bald wieder ab. Dann kehrt der →*Mensch* zu seinem →*Sofa* zurück und verbringt seine →*Zeit* sinnvoll. Mit uns.

Straße, die
Für →*Stubenhocker* kein Thema, für →*Freigänger* ein Gebiet, das mit seiner komplexen Aufteilung in →*Reviere* und Territorien höchste Aufmerksamkeit erfordert. Dabei ist die →*Pflege* des eigenen Bereichs mit frischen →*Duftmarken* auch hier unerlässlich. Gleichzeitig ist es für uns Katzen eine Gefahrenzone und daher müssen wir auf der Hut sein: vor →*Autos*, die schon manchen Kumpel überfahren haben, vor →*Fremdkatzen* und →*Hunden*, mit denen nicht gut →*Mäuse* fressen ist, sowie vor →*Zweibeinern*, die uns nicht leiden können.

Streicheln, das
Im Gegensatz zu den vielen irrwitzigen Beschäftigungen, denen das →*Personal* →*Tag* für Tag nachgeht, ist dies eine sinnvolle Tätigkeit, die beide Seiten gleichermaßen genießen. →*Zweibeiner* sollten jedoch beachten, dass diese Liebkosungen nicht immer gelegen kommen und unsere Vorlieben individuell verschieden sind. Diese Stellen sind unter dem Stichwort →*Kraulzone* genauer aufgeführt.

Stress, der
Während wir darauf hinarbeiten, dass unser Leben weitgehend ohne Aufregung

und unliebsame Überraschungen verläuft, funken uns die lieben →*Zweibeiner* gern mal dazwischen. Da werden zur besten Schlafenszeit →*Traumsauger* durch die →*Zimmer* gezogen, Autofahrten zu verhassten Zielen organisiert oder die →*Tür* für →*Hunde* geöffnet. Könnt ihr es euch nicht einfach auf dem →*Sofa* oder in einer →*Schachtel* gemütlich machen und →*Ruhe* geben?

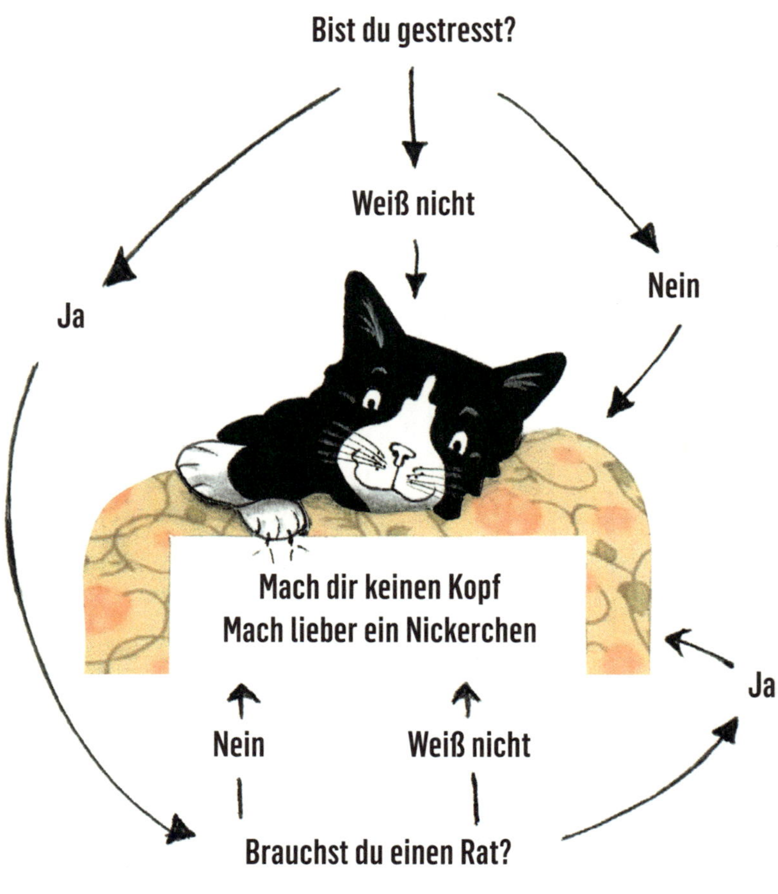

Streuner, der
Artgenossen, die ohne →*Personal*, →*Napf* und eigener →*Schachtel* auskommen müssen. Wenn gar kein →*Zweibeiner* sich um sie →*kümmert*, sind sie gezwungen, sich mit dem →*Jagen* von →*Mäusen* und →*Ratten* über →*Wasser* zu halten. Kein leichtes Geschäft, zumal der →*Kampf* um die →*Revier*e mit scharfer →*Kralle* geführt wird. Wenn es ganz dumm läuft, werden sie eingefangen und ins →*Tierheim* gebracht. Mit etwas →*Glück* finden sie dort einen eigenen →*Mensch*en.
Wer von diesen traurigen Schicksalen hört, hat gleich etwas mehr →*Geduld* mit den eigenen →*Zweibeiner*n. Jedenfalls kurzfristig.

Stubenhocker, der
Für diejenigen, die nur eine Wohnung mit →*Fensterbank* oder →*Balkon* zur Verfügung haben, ist es extrem wichtig, das →*Personal* richtig zu erziehen. Häufig kommen die →*Zweibeiner* ihnen entgegen, indem sie einen →*Kratzbaum* aufstellen und für eine gemütliche →*Schachtel* sorgen. Auch wird die Sache mit dem →*Bett* in vielen Fällen nicht so streng gehandhabt.
Doch im Gegensatz zum →*Freigänger* können sie nicht einfach durch die →*Katzenklappe* nach draußen verschwinden. Sehr unangenehm, wenn das →*Katzenklo* nicht richtig sauber gehalten wird.

Supermarkt, der
Große Halle, die die meisten von uns nur vom Hörensagen kennen. Dort können →*Zweibeiner* die unterschiedlichsten Dinge gegen →*Geld* tauschen. Schleierhaft ist allerdings,

warum sie immer mit den gleichen →*Dose*n nach Hause kommen. Werden sie dazu gezwungen? Gibt es sie gar umsonst?

Wann werden sie endlich verstehen, dass wir uns viel lieber mit ihnen an den gedeckten →*Tisch* setzen und →*Delikatesse*n essen?

T

Tag, der

Eine von →*Mensch*en genau definierte Zeitspanne, in der es sowohl hell als auch dunkel ist. Es gibt sie mit verschiedenen Namen. Die Tage, an denen er das →*Bett* nicht so früh verlassen muss, sind sehr beliebt. Man nennt sie Sonn- oder Feiertage. Leider nimmt er dabei keine →*Rücksicht* auf die Tatsache, dass wir jeden Tag →*Hunger* haben und auf das →*Frühstück* warten. Die Tage, an denen der →*Wecker* sie aus dem →*Schlaf* reißt, gefallen uns besser. Da kommt das →*Futter* wenigstens pünktlich!

Tapete, die

An die Wand geklebtes Papier, das sich hervorragend zum Krallenschärfen eignet und durch die so entstandenen Muster enorm gewinnt. Leider erkennt →*Personal* diese Verwandlung nicht als künstlerische Leistung an, und es kommt bisweilen zu unschönen Szenen.

Tatze, die
Unsere Tatzen sind nicht nur zum Laufen und Klettern wichtig, wir benutzen sie auch zur Körperpflege, Temperaturregelung und Wärmeerkennung. Zudem spüren wir durch sie Vibrationen auf dem Boden und erfahren so, ob sich eine →*Maus* oder →*Ratte* nähert. Dann fahren wir unsere →*Krallen* aus, mit denen wir für einen →*Kampf* bestens gerüstet sind, und schnappen uns die →*Beute*. Die Ballen unter der Tatze dienen bei einem Sprung als Stoßdämpfer, können aber auch als Bremse eingesetzt werden, wenn wir plötzlich die Richtung ändern müssen. In Hinblick auf all diese Fähigkeiten ist die →*Hand* des →*Personals* eher stümperhaft.

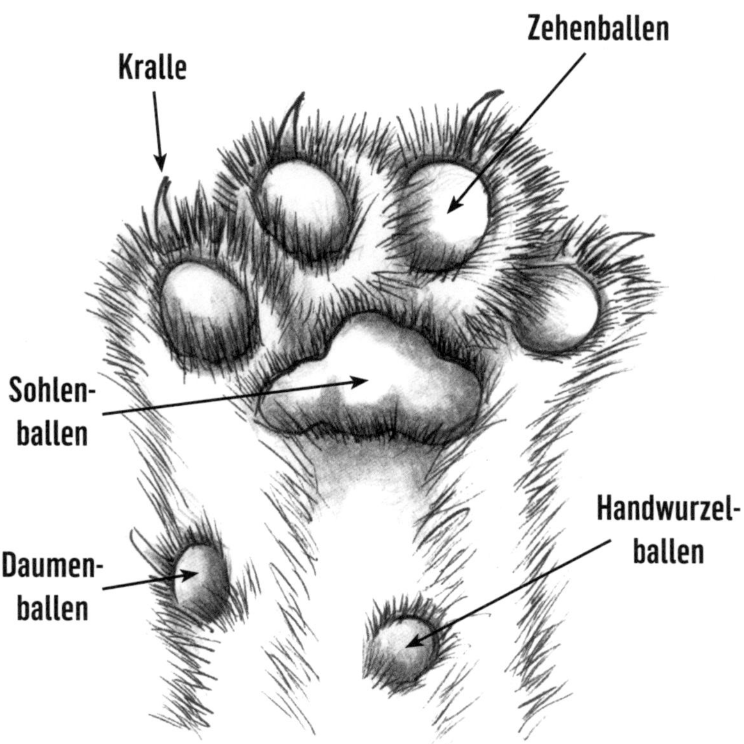

Tatztatur, die

Wir lieben diese Massagefläche vor dem →*Computer*. Sie ist angenehm warm und mit den vielen Knöpfen kann man eine Menge →*Quatsch machen*. Je nachdem, welchen man drückt, bewegt sich etwas oder man hört interessante Geräusche. Schreiben wir selber etwas, →*jaulen* die →*Zweibeiner* laut auf und löschen die Nachricht sofort. Wahrscheinlich, weil sie sie nicht verstehen oder aussprechen können. Bewegt man die →*Maus*, schwirrt eine Art →*Insekt* über die Scheibe. Ähnlich wie beim →*Fernseher* lässt es sich aber nicht fangen und kommt an der Seite auch nicht heraus. Schade.

→*Kümmert* sich der →*Mensch* nicht genug um uns, hat es sich bewährt, mitten auf den Knöpfen Platz zu nehmen und so auf sich aufmerksam zu machen. Ist er gerade nicht da, eignet sich die Tatztatur gut für ein Nickerchen.

Neuerdings gibt es spezielle Programme, die sofort erkennen, dass wir dort herumturnen. Dann wird der →*Computer* blockiert und produziert ein Geräusch, das uns verscheuchen soll. Ob es sich dabei um Traumsaugerlärm handelt, ist nicht bekannt …

Musikalischer ist die Tatztatur des sogenannten Klaviers. Wenn es nachts mit dem Futternachschub nicht rundläuft, können wir uns gut bemerkbar machen, indem wir auf diesen schwarzweißen Stäbchen hin und her rennen. Leider versteckt das →*Personal* sie aus diesem Grund häufig unter einem schweren Deckel. Wir plädieren dafür, dass sie jederzeit zugänglich ist.

Teppich, der

Ein flauschiges Stück Stoff auf dem Boden, das von unten herrlich wärmt. Obwohl es aussieht, als könnte es

kein Wässerchen trüben, wird es von uns regelmäßig attackiert und bekämpft. Besonders die Exemplare, die im Bad liegen. Aus Gründen, die zu erläutern hier zu weit führen würden. Bei geschlossener →*Tür* und anderen Notfällen dient es auch mal als →*Katzenklo*.

Tierarzt, der

Unsensibler →*Medizin*- und Spritzenausteiler, mit dem wohl fast alle von uns schon Bekanntschaft machen mussten. Er referiert gern über →*Diät*en und andere Märchenbuchthemen und zählt neben →*Traumsauger*, →*Tür* und →*Hund* zu unseren natürlichen Feinden. Oft ist er übertrieben gut gelaunt und begrüßt uns mit Sätzen wie »Hallo! Wen haben wir denn da?« oder »Na? Haben wir mal wieder ge-

kämpft?«. Manche gehen so weit und nennen uns Mäuschen.
Dabei müssen wir zugeben, dass er schon viele von uns geheilt, anderen gar das Leben gerettet hat. Dennoch ist es besser, ihm nicht zu nah zu kommen.

Tierheim, das
Deprimierender Ort, an dem u. a. Katzen leben, die kein eigenes →*Personal* haben. Viele von uns müssen dort in einem kleinen Raum oder gar in einem Käfig mit anderen Artgenossen leben, Streicheleinheiten sind nur selten an der Tagesordnung. Daher unsere große Bitte an alle →*Zweibeiner*, die gern mit uns →*zusammenleben* möchten, aber noch alleine sind: Schaut euch dort um und holt uns heraus! Diese Bitte gilt sogar für →*Hunde*. Auch wenn wir nicht scharf darauf sind, mit ihnen im selben →*Haushalt* zu landen …

Tisch, der
Auf diesem Möbelstück werden die →*Mahlzeit*en der →*Zweibeiner* serviert, für uns ist es leider meist Sperrgebiet. Die Höhe, die uns daran hindern soll, mitzumischen, lässt sich mit einem Sprung leicht überwinden. Mit etwas Geschick und →*Glück* findet man dort Braten, Aufschnitt oder →*Fisch*. Dann wähnt man sich im alten →*Ägypten*.

Traum, der
Angenehme Möglichkeit während des →*Schlaf*s aus dem Alltag auszubrechen. Wissenschaftler haben herausgefunden, dass wir Katzen mit drei Stunden am →*Tag* mehr träumen als alle Lebewesen hier auf Erden. Da die Länge der Traumdauer angeblich da-

von abhängt, wie hoch das Gehirn entwickelt ist, kann man sich vorstellen, wie schlau wir sind!
Oft stellen sich →*Zweibeiner* die Frage, was wir so alles träumen. Es gibt da verschiedene →*Katzegorien*:
– Der Delikatessentraum: Eine Darbietung, in der wir schmatzend vor Tellern mit köstlichen Leckerbissen am →*Tisch* sitzen und befriedigt zusehen, wie das →*Personal* für Nachschub sorgt.
– Der Heldentraum: Wir jagen einen →*Hund* oder eine Riesenratte. Ratet mal, wer gewinnt?
– Der Albtraum: Hier ist alles leider umgekehrt. Der →*Köter* jagt uns, die →*Ratte* stellt uns eine Falle, der →*Napf* ist leer oder wir sind im →*Tierheim* gefangen. Mit anderen Worten: Das Ergebnis ist nicht gerade zufriedenstellend.
– Außerdem gibt es jede Menge Themen, die nur uns etwas angehen …

Traumsauger, der
Angeleinter Kasten auf Rädern, der zur besten Schlafenszeit durch die →*Zimmer* gezogen wird. Alles, was er auf dem Boden vorfindet, verschwindet in seiner breiten Rüsselschnauze, schönste →*Träume* werden in Sekundenschnelle zerstört. Dabei erzeugt er einen Höllenlärm und verursacht uns großen →*Stress*. Sollten wir je herausfinden, wie das Gerät funktioniert, werden wir nicht zögern, es nachts vor dem →*Bett* der →*Zweibeiner* einzusetzen.

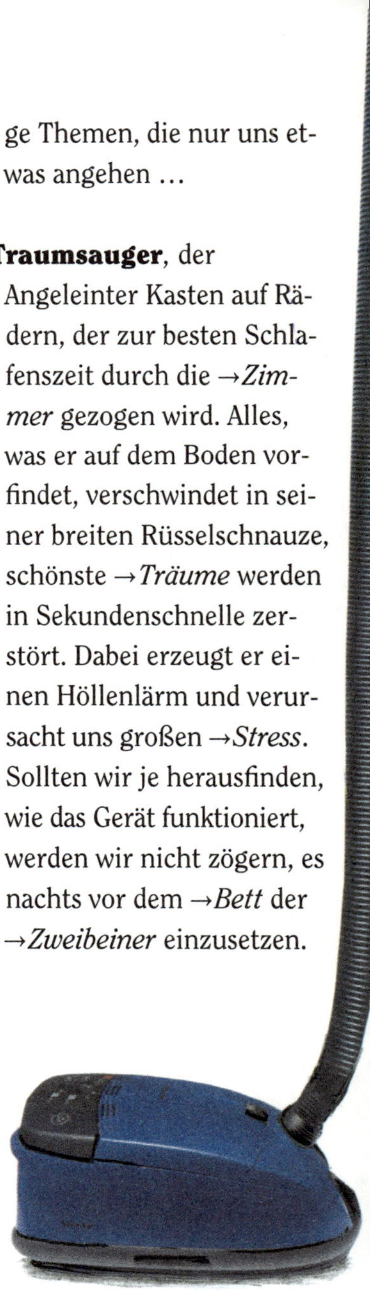

Trick, der

Handlung, mit der →*Zweibeiner* uns zu täuschen versuchen. Häufig spielt die →*Bewegliche Zelle* in diesem Zusammenhang eine große Rolle. Da nur die wenigsten von uns dieses Verlies freiwillig betreten, werden wir hinterhältig mit kleinen →*Snack*s hineingelockt. Daher: Augen auf, wenn aus heiterem Himmel →*Delikatesse*n angeboten werden! Häufig ist →*Medizin* darin versteckt. Natürlich haben auch wir unsere Tricks. Doch wir wollen nicht alles verraten …

Tür, die

Eine sowohl überflüssige als auch lästige Barriere zwischen →*Zimmer*n, Flur und →*Garten*. Sie ist immer dann geschlossen, wenn sie offen sein sollte. Plant das →*Personal* einen Ausflug zum →*Tierarzt*, bleibt sie trotz heftigen Protests unsererseits verriegelt.
Das →*Personal* zu gewissenhaften Türöffnern zu →*erziehen*, erfordert Krallenspitzengefühl. Bei den besonders Bockigen, die nicht müde werden zu wiederholen, dass es eine →*Katzenklappe* gibt, auch jede Menge Konsequenz. Schließlich hat das eine nichts mit dem anderen zu tun.
Auch nach langer Schulung kommt es immer wieder vor, dass sie nicht zur Stelle sind, wenn man sie braucht. Und wundern sich, wenn wir laut →*schimpfen*.

U

Übergewicht, das
Ein Thema, das gern zur Sprache kommt, wenn →*Catsitter* es während des →*Urlaubs* mit dem Füttern *übertrieben haben*. Leider ist die →*Diät* in solchen Fällen nicht weit. Ärgerlich, denn im Gegensatz zum →*Personal*, das sich in solchen Fällen neue Kleidung kaufen muss, dehnt sich unser Fell stets so, wie wir es brauchen. Außerdem können ein paar Gramm mehr nicht schaden. So ist man auf der sicheren Seite für den Fall, dass es mit der Futterversorgung mal nicht klappt.

Ungeziefer, das
Lästige Biester wie Flöhe und Zecken, die sich gern in unserem Fell einnisten und vor denen →*Zweibeiner* sich häufig ekeln. Um sie loszuwerden, verpassen sie uns ein uncool aussehendes

→*Halsband*, das so gut wie nichts nutzt. Wenn ihnen das klar wird und wir uns in der Zwischenzeit an dem Ding noch nicht erhängt haben, schmieren sie eine stinkende Flüssigkeit auf unseren Rücken. Widerlich. Doch zum →*Glück* hilft es in vielen Fällen.

Unruhe, die

Eine Vorstufe von →*Lärm* und →*Hektik*, die von gestressten →*Zweibeiner*n erzeugt werden und unseren →*Lebensrhythmus* empfindlich stören. Auch →*Aufräumen* und →*Saubermachen* fallen in diese →*Katzegorie*. Kommt dann noch der →*Traumsauger* zum Einsatz, ist es höchste →*Zeit*, →*beleidigt* zu *sein* oder zum →*Nachbar*n auszuweichen.

Urlaub, der

Eine bestimmte →*Zeit*, in der →*Zweibeiner* unser Zuhause verlassen und sich an einem uns unbekannten Ort aufhalten. Um dort überleben zu können, brauchen sie viele Dinge, die sie in →*Koffer* und Taschen packen. Das führt im Vorfeld zu großem →*Stress* und bringt unseren Alltag komplett durcheinander.
Während wir uns um die →*Erziehung* der →*Catsitter* kümmern, verschicken sie Karten und berichten, wie →*Futter* und →*Wetter* sind. Obwohl beides oft miserabel, wiederholt sich das jedes Jahr.
Doch Strafe muss sein: Wenn sie endlich wieder da sind, ziehen wir es vor, →*beleidigt* zu sein. Sonst erlauben sie sich das am Ende noch viel öfter! Als Wiedergutmachung freuen wir uns über gefüllte →*Näpfe*, offene →*Tür*en und kleine →*Snack*s.

V

Veränderung, die

Wir Katzen hassen Veränderungen zutiefst, besonders die Umgestaltung von →*Zimmer*n, →*Garten* oder →*Balkon* oder gar die Neuregelung von Gewohnheiten. Abgesehen davon, dass sie so gut wie nie eine Verbesserung zum Guten mit sich bringen, beruhen sie meistens nur auf blindem Aktionismus der →*Zweibeiner* und unsinnigem →*Aufräumen*. Am Ende muss die →*Tapete* neu gestaltet, das betroffene →*Zimmer* neu markiert werden, und es dauert oft Wochen, bis die gewohnte Gemütlichkeit wiederhergestellt ist.
Auch das Umstellen von Futterplatz und →*Katzenklo* missbilligen wir.

Versteck, das

Wichtig zum Auflauern von →*Maus* und →*Fremdkatze* und hervorragender Rückzugsort, wenn →*Catsitter* und sonstige →*Zweibeiner* nicht *so* auf uns eingehen, wie wir uns das vorstellen. Einfach mal für eine Weile verschwinden! Bei der Rückkehr erwarten wir Streicheleinheiten und →*Snack*s.

VIC, der

Eine Abkürzung für **V**ery **I**mportant **C**at. Ob diese Katze wirklich so wichtig ist, lassen wir mal dahingestellt. Auf jeden Fall kennt sie jeder. So hat Kater Larry in 10 Downing Street das Amt des *Chief Mouser* inne, Typen wie Simon's Cat sind eine Berühmtheit im →*Internet,* und Bob, der Streuner lässt die Kinokassen klingeln. Wieder andere leben mit bekannten →*Schriftsteller*n zusammen und haben sich so einen →*Name*n gemacht.
Die meisten von uns jedoch lehnen diesen Wirbel um ihre Person ab. Wir ziehen die →*Ruhe* eines normalen →*Haushalt*s vor. Auch wenn das bedeutet, dass wir weiterhin für unsere →*Gleichberechtigung* kämpfen müssen und von den uns zustehenden →*Delikatessen* nur träumen können.

Vogel, der

Fliegender, leicht fusselnder →*Snack*. In vielen →*Haushalt*en werden sowohl die wildflatternde als auch die im Käfig gehaltene Spezies sehr hofiert. In kalten Zeiten werden die Gesellen im Freien mit allerlei →*Futter* eigens angelockt. Das ist Kino für uns!

Obwohl diese Flatterhappen uns permanent provozieren, →*schimpft* der Durchschnittszweibeiner, wenn wir bei der →*Jagd* erfolgreich waren und das Opfer unter dem →*Tisch* zerlegen. Das verstehe, wer will …

Vorhang, der

Praktische Stoffbahn am Fenster oder Durchgang, hervorragend geeignet zum Hochhangeln und für →*Spiel*e aller Art. Ganz zu schweigen von der optimalen Aussicht über →*Zimmer* und →*Garten,* wenn man es ganz hinaufgeschafft hat. Nun kann man das →*Personal* gut überraschen, indem man ihnen auf den Kopf springt. Abgesehen davon ist er auch ein raffiniertes →*Versteck*.

W

Wählerisch

Obwohl auch →*Zweibeiner* sehr wählerisch sind, wird diese meist negativ bewertete Eigenschaft gern mit uns in Zusammenhang gebracht. Selbstverständlich sind wir anspruchsvoll und eigen und können es uns leisten, nicht jeden Fraß zu fressen. Warum auch? Wir sind Katzen und wissen, dass beim Füllen des →*Napf*es noch viel Luft nach oben ist. Milch. Sahne. Tatar. Na? Klingelt da was?

Wärme, die

Wir lieben Wärme und schätzen kaum etwas mehr als ein Plätzchen auf der Heizung oder neben dem Ofen. Auch ein →*Sonnenbad* tut uns enorm gut. Zudem fördert sie das →*Philosophieren* und sorgt für einen angenehmen →*Schlaf*.

Waschmaschine, die

Rumpelndes Gerät, das im Ruhezustand eine gemütliche Schlafhöhle bietet. Besonders angenehm ist es, wenn diese schon mit herrlich duftender Wäsche befüllt wurde. Doch Vorsicht: Lebensgefahr, wenn man nicht rechtzeitig geweckt und die →*Tür* geschlossen wird!

Wasser, das

Eine Flüssigkeit, die wahlweise Durst löscht oder nass macht. In der Wohnung kommt es aus der Wand, draußen von oben. Auch im Gartenteich ist es zu finden. Auch wenn einige von uns Wasser durchaus mögen, machen die meisten einen großen Bogen um dieses Nass.
Das hat berechtigte Gründe: Wenn wir uns →*putzen*, verteilen wir mit der Zunge sogenannte Pheromone. Personalisierte Duftstoffe, mit denen wir uns untereinander verständigen und erkennen können. Wenn wir nass werden, verschwinden diese und wir müssen von vorn beginnen. Hinzu kommt, dass Wasser die Struktur unseres Fells verändert und es zu Verklebungen kommt. Außerdem ist unsere Haarpracht recht dick und bleibt daher lange feucht. Das können wir gar nicht leiden.
Warum die →*Zweibeiner* Wasser beim →*Saubermachen* auf dem Boden verteilen oder es sich freiwillig auf den Kopf regnen lassen, ist uns ein großes →*Rätsel*.

Wecker, der

Lärmendes Zeitgerät, das →*Zweibeiner* am Morgen aus dem →*Schlaf* reißt und in →*Stress* versetzt. Warum sie nicht von unserem Weckservice Gebrauch machen, ist nicht bekannt. Schließlich zeigen wir ihnen tagtäglich und auch in der Nacht, wie perfekt wir diese Disziplin beherrschen.

Weihnachtsfest, das
Unruhige Tage, in denen →*Dosenöffner* nur den →*Deko-Kratzbaum* im Kopf haben und überlegen, welche →*Delikatessen* wann auf den →*Tisch* kommen. Sie nennen es das Fest der Freude und der Liebe. Obwohl das →*Spielen* mit den schönen Kugeln und Glöckchen untersagt ist und auch keine der vielen bunten →*Schachtel*n für uns bestimmt ist. Manchmal sind andere →*Zweibeiner* zu →*Besuch* und wenn es ganz schlimm kommt spielen →*Junge* auf ihrer →*Blockflöte*.
Oft vergessen sie bei dem ganzen Trubel, unseren →*Napf* mit etwas Leckerem zu füllen. Dann ist es sinnvoll, auf konsequentes →*Napfhocken* zu setzen und laut zu →*jaulen*. Hilft das nicht, ziehen wir es vor, unser →*Glück* beim →*Nachbar*n versuchen.

Weltkatzentag, der

Der 8. August ist ein ganz besonderer →*Tag*. Ursprünglich wurde er als Gedenktag ausgerufen, um auf die →*Katerstrophe*n aufmerksam zu machen, unter denen Katzen leben und gehalten werden. Somit wäre das ein guter Anlass, mal unsere →*Wunschzettel* einzusammeln und uns großzügig zu beschenken. Heutzutage haben die →*Zweibeiner* dieses Anliegen meist aus den Augen verloren und feiern eher ihre eigene Katzenliebe. Dabei gäbe es im →*Zusammenleben* von →*Mensch* und Katze noch viel zu verbessern. Aus diesem Grund plädieren wir dafür, dass jeder →*Tag* Katzentag sein sollte.

Wetter, das

Ein für →*Zweibeiner* offenbar allgegenwärtiges Phänomen, über das sie sich pausenlos austauschen und aufregen. Wahrscheinlich, weil sie es nicht ändern können. Zu manchen →*Zeiten* kommt →*Wasser* oder →*Schnee* vom Himmel. Warum das so ist und wie es am nächsten →*Tag* sein wird, darüber wird jeden Abend im →*Fernsehen* berichtet. Häufig benutzen sie ihr →*Handy*, um zu erfahren, wie es draußen aussieht. Dabei bräuchten sie nur aus dem Fenster zu gucken …

Wolle, die

Weiches Material, aus dem →*Zweibeiner* Kleidung machen. Leider ist das →*Spielen* mit Wollknäueln strengstens untersagt. Das ist schade, denn sie eignen sich hervorragend zum →*Quatschmachen*. Ähnlich wie →*Klopapier* kann man es leicht abrollen, und es taugt zum Erschaffen von Kunstwerken. Auch ist die Wolle, egal in welcher Form, eine Bereicherung für unsere →*Lieblingsplätze*.

Wunschzettel, der

Eine Liste, die die →*Menschen* im Vorfeld zum →*Weihnachtsfest* zusammenstellen, besonders die →*Jungen*. Die Tatsache, dass wir nie aufgefordert werden, unsere Wünsche niederzuschreiben, ist sehr diskriminierend. Dabei hätten wir so viele Anliegen, dass wir damit Bücher füllen könnten.

Wurst, die

Eine →*Delikatesse* für Vier- und →*Zweibeiner*, die auf dem →*Tisch* und im →*Kühlschrank* zu finden ist. Obwohl das →*Personal* sie sich dick aufs Brot legt, wird sie uns vorenthalten. Weil sie angeblich ungesund ist. Ein klarer Beweis, dass es um die →*Logik* von →*Zweibeiner*n nicht zum Besten gestellt ist.
Macht das →*Personal* eine →*Diät*, isst es die Wurst nachts direkt aus dem →*Kühlschrank*. Gegen einen entsprechenden Anteil an Schweigewurst sind wir aber gern bereit, auf lautes →*Jaulen* zu verzichten.

Y

Yogaübung, die
Lustige, auf dem Boden ausgeführte Verrenkung, die die →*Zweibeiner* von uns abgeguckt haben. Es ist anzunehmen, dass sie sich eine ähnliche Dehnfähigkeit und Eleganz davon versprechen, wie wir sie besitzen. Doch das können sie auf Grund ihrer unzulänglichen →*Anatomie* vergessen.

Schachtel-Yoga:

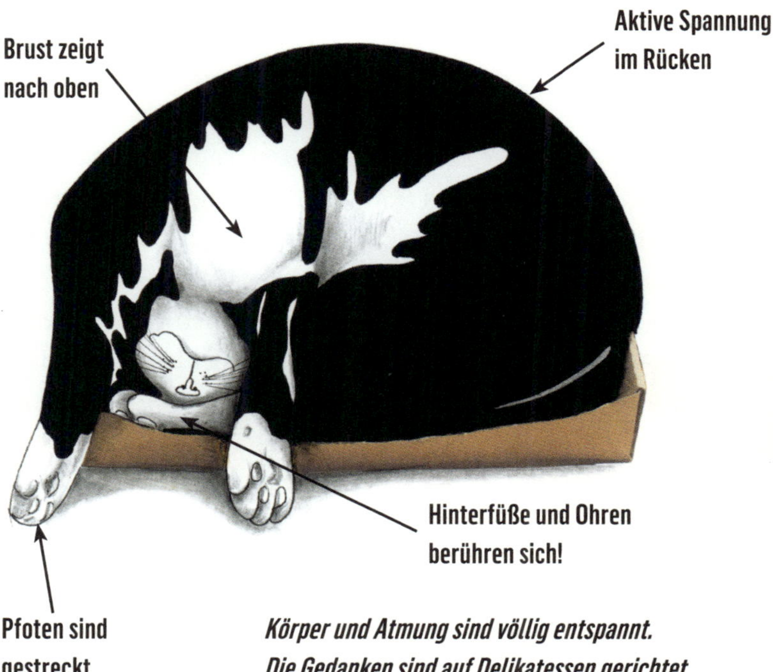

Körper und Atmung sind völlig entspannt.
Die Gedanken sind auf Delikatessen gerichtet.

Z

Zahl, die

Zeichen, mit der →*Zweibeiner* andeuten, wie viel von etwas vorhanden ist. Zum Beispiel bei →*Tag*en, →*Papiertüte*n und →*Junge*n. Die Zahl Null spielt für uns Katzen eine besondere Rolle. Gibt es null →*Dosen,* bedeutet es, dass der →*Napf* leer bleibt, bis der →*Dosenöffner* im →*Supermarkt* neues →*Futter* gegen →*Geld* eingetauscht hat. Null *Hunde* hingegen ist ein wunderbarer Zustand.

Zeit, die

Etwas Undefinierbares, von dem →*Zweibeiner* sich einerseits gehetzt fühlen, andererseits nie genug haben. Damit sie stets nachschauen können, wie wenig Zeit noch übrig ist, haben sie offensichtlich Portionen davon in Geräten eingefangen – die kleineren tragen sie am Handgelenk, die größeren hängen an der Wand. Ein besonderes Zeitgerät steht neben dem →*Bett* und heißt →*Wecker.* Es macht meist am frühen Morgen einen Höllenlärm, reißt den gesamten →*Haushalt* aus den schönsten →*Träumen* und sorgt dafür, dass der →*Tag* gleich mit →*Stress* beginnt.

Wie man diesem →*Napf*-Diagramm entnehmen kann, ziehen wir persönlich folgende Tageseinteilung vor:

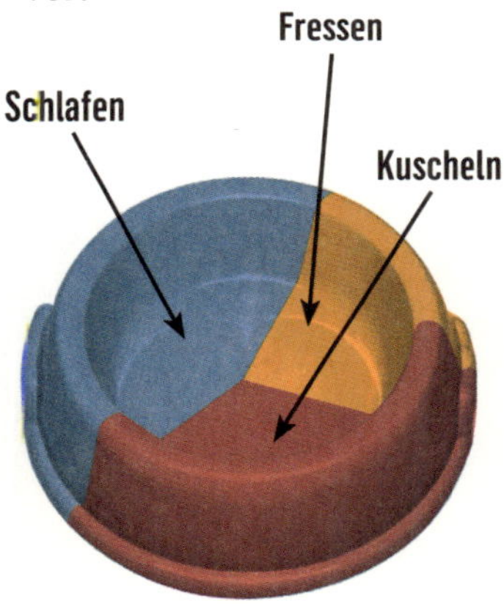

Zeitung, die

Große, raschelnde Papierblätter, die sich wunderbar zum →*Spiel*en und Ausruhen eignen. Auch lassen sich schöne →*Versteck*e daraus basteln. Lästig ist, dass das →*Personal* immer genau die Stellen für sich beansprucht, auf denen man gerade ein Nickerchen macht. Am →*Tag* danach nennt man sie →*Altpapier*.

Zimmer, das

Teil der Wohnung, der meist über eine →*Tür* verfügt. Sind die Wände mit einer →*Tapete* beklebt, fällt uns die Aufgabe zu, sie mit den →*Krallen* zu verschönern. Manche Zimmer sind vollgestopft mit Dingen wie Regalen, andere verfügen über nützliche →*Möbel* wie →*Kratzbaum* und →*Sofa*. Das Schlafzimmer wird vom →*Personal* gern abgeriegelt. Damit versuchen sie anzudeuten, dass sie das →*Bett* für sich haben möchten und ihren →*Wecker* mehr schätzen als uns. Mit etwas →*Jaulen* und gezieltem →*Kratzen* an der →*Tür* geben sie diese Blockade meist aber schnell auf.
Unser Lieblingszimmer ist die →*Küche*. Noch schöner wäre es dort allerdings, wenn der →*Kühlschrank* stets offen und unser →*Napf* mit →*Delikatessen* gefüllt wäre.

Zusammenleben, das
Ganz ehrlich, wir wohnen wirklich gern mit euch →*Zweibeiner*n zusammen. Doch mit einigen einfachen Änderungen könnte alles noch viel schöner sein. Aus diesem Grund möchten wir euch folgende Tipps mit auf den Weg geben. Wenn die in die Tat umgesetzt werden, kommen wir den Zuständen im alten →*Ägypten* ganz schön nah:

Zweitwohnung, die

Eine praktische Ausweichmöglichkeit für den Fall, dass es im eigenen →*Haushalt* nicht so rund läuft.
Wenn das →*Futter* mal wieder nicht schmeckt, →*Rücksicht* und Ruhe Fremdwörter sind, nutzen wir gern die Gelegenheit, uns eine Weile vom →*Nachbar*n verhätscheln zu lassen.
Ist der gut →*erzogen*, stehen dort →*Delikatesse*n bereit und werden alle beliebten →*Kraulzone*n bedient, bis man vor →*Schnurren* nicht mehr aus den Augen schauen kann.
Hören wir nach einer Weile, wie die eigenen →*Zweibeiner* uns voller →*Sorge* rufen, lassen wir sie noch ein

bisschen zappeln. Erst dann ist es →*Zeit*, nach Hause zurückzukehren und sich dort streicheln und mit →*Snack*s verwöhnen zu lassen.

Hermien Stellmacher und Joachim Schultz sind mehr als 25 Jahre als Katzenpersonal durch eine harte Schule gegangen, nun wurde ihnen die Ehre zuteil, dieses Lexikon zu Papier zu bringen. Dabei stand ihnen Kater Zazou tatkräftig zur Seite und hat sich als Modell für die Illustrationen zur Verfügung gestellt. Die drei leben in der Fränkischen Schweiz.
www.hermien-stellmacher.de; www.facebook.com/Hermien.Stellmacher.
Autorin/

Im insel taschenbuch sind von Hermien Stellmacher außerdem erschienen: *Cottage mit Kater* (it 4388); *Katzenglück und Dolce Vita* (it 4574).